자연을 지키는 친환경 청소

"집안일은 마르지 않는 샘이다."

_아프리카 속담

자연을 지키는
친환경 청소

건강하고 안전한
청소 꿀팁과 세제 만들기

젠 칠링스워스 지음
아멜리아 플라워 그림
최인하 옮김

타임북스
T·IME BOOKS

목차

들어가며

슈퍼마켓의 청소용품 코너는 눈과 코가 즐거워지는 공간이다. 진열대를 따라 쭉 걷다 보면 다리미풀 스프레이와 세탁 표백제에서부터 향기로운 소독제나 항균 물티슈에 이르기까지 없는 게 없어, 몇 개만 챙겨와도 집 안의 찌든 때를 싹 지워줄 것만 같다. 나도 봄의 향기, 바닷바람 내음, 또는 갓 세탁한 리넨의 향을 그대로 재현했다는 화려한 광고 문구와 매혹적인 향기에 취해 즐겁게 청소용품을 둘러보고는 했다. 수납장은 병, 스프레이, 그리고 물티슈로 이미 미어터졌지만, 신상품의 유혹을 뿌리치기란 여간 힘든 일이 아니어서 정신을 차리고 보면 그다지 필요하지도 않은 물건이 쌓여 있기 일쑤였다. 그때만 해도 나는, 내가 엄청나게 많은 플라스틱에 돈을 쓰고 있다거나 세탁한 옷에서 빠져나온 초미세 합성섬유가 상수도에 섞여 있다, 혹은 쓰다 버린 스펀지가 쓰레기장에 산더미다 따위의 문제를 조금도 생각해 본 적이 없었다. 얼마나 무심했는가 하면, 세제 보관 선반을 정리하다가 안쪽 구석에 성가시기만 한 세탁볼이 무려 서른 개나 굴러다니는 걸 보고는 깜짝 놀란 적도 있다. 거기에 그런 게 있을 줄이야.

그러나 상황은 한순간에 달라졌다. 내가 그만 실수로 표백제 성분의 세제를 들이마시는 바람에 병원 신세를 지게 된 것이다. 사용 설명에 따라 고무장갑을 끼고 환기를 시켰는데도 내겐 너무 독했던 모양이다. 다행히 큰 탈은 없었지만 이 일로 인해 나는 내가 사용하는 제품에 어떤 성분이 들어있는지, 내 가족이 무얼 들이마시고 만지는지 궁금해졌다. 그러다 보니 자연히, 발음하기도 어려운 화학 성분과 합성 향료가 들어간 독성 제품을 버리고 더 친환경적인 제품을 찾아 나서게 되었다.

집. 바쁜 하루 끝에 편히 쉴 수 있는 안 식처이자 깜깜한 밤이나 한겨울 혹한 에도 우리를 지켜주고, 사랑하는 아이 들이 건강히 자라는 곳. 누구나 그런 공간이 깨끗하고 쾌적하길 바란다. 하 지만 정작 청소 세제를 사용하고 방향 제를 뿌리는 것만으로도 자신과 가족 이 심각한 실내 공기 오염에 노출된다 는 사실은 많이들 모르고 있다. 우리 집도 마찬가지로, 자연 친화적인 세제 로 바꾸기 전까지는 내가 무심히 사용 했던 독소로 가득 차 있었다. 나는 일 반 식기 세제로 설거지를 하고, 세탁 기에 액체 세제와 섬유 유연제를 붓 고, 소독제로 부엌 바닥을 닦았으며 일회용 항균 물티슈로 가구 구석구석 을 문질러댔다. 어디 그뿐인가? 거실 카펫을 청소할 때는 우선 카펫 청소용 파우더를 뿌린 후에 진공청소기를 돌 렸다. 재스민과 인동초 향이 뿜어 나 오는 플러그인 방향제를 꽂아둔 것도 모자라 파라핀 왁스로 만든 향초도 태 웠다. 욕실에는 특별히 강력한 청소 스프레이를 사용했고 변기에는 표백

제를 부었으며 샤워커튼에 피어난 곰 팡이를 지우겠다고 안 써본 제품이 없 을 정도다. 우리 가족은 그야말로 숨 쉬듯 자연스럽게 집 어디에서나 유해 물질을 들이마시고 있었다.

구매한 세제 가운데 아무거나 하나를 집어 뒷면을 살펴보자. 아마 제일 먼저 눈에 띄는 단어는 '주의' 혹은 '위험'이 고 많은 경우 느낌표가 따라붙어 있을 것이다. 여기에 적힌 건 사용자의 안전 과 건강을 위한 주의 사항임과 동시에 우리가 환경에 미치는 피해에 대한 경 고다. 기성 제품에 포함된 많은 성분들 은 석유와 같은 재생 불가능한 원료에 서 오고, 자연에서 분해되지 않는다. 빨래를 할 때 배출되는 합성 화학물질 과 초미세 합성섬유를 상수원의 수중 생물이 섭취하고, 그 물질은 결국 인간 의 먹이사슬에 포함될 수 있다. 파라핀 으로 만든 초를 태우는 건 어떨까? 실 내에 퍼지는 합성 향과 연기는 사실상 디젤 엔진에서 나오는 매연에 버금가 는 수준이다. 방향제, 유리 세정제, 가

구 광택제, 심지어 물티슈도 포름알데히드와 같은 유해한 휘발성유기화합물VOCs을 방출해 장단기적으로 건강과 환경에 해가 된다. 스펀지, 수세미, 그리고 청소포와 같은 폐기물들은 모두 분해되기까지 수백 년이 걸리는 플라스틱이고, 변기에 바로 버리는 청소용 스펀지는 하수도 시설에도 심각한 문제를 일으킬 수 있다.

나는 친환경적인 대안을 찾아 헤맸고, 마침내 시중에 판매되는 친환경 세제보다 더 건강하고 나은 세제를 발견했다. 관련 공부를 하다 보니 쓰레기를 줄일 수 있는 묘안도 많았다. 청소용품의 성분과 재료, 그리고 배출되는 쓰레기는 건강한 청소와 환경 보호에 아주 중요한 역할을 한다. 이제 내 청소 방식은 완전히 달라졌다. 천연 세제는 대부분 직접 만들고, 자연 분해되거나 퇴비로 사용할 수 있는 도구를 구입해 최대한 쓰레기를 줄인다. 이렇게 애쓸 만큼 청소가 재미있냐고? 그럴 리가. 하지만 그리 힘들지도 않으면서 '친환경적'이기까지 하니 실천하지 않을 이유가 없다. 이제부터 소개할 방법들을 활용해보면 공감하겠지만, 세탁 세제와 가구 광택제부터 자신만의 천연 방향제에 이르기까지 모두 만들기 쉽고 효과도 좋다. 나는 주로 동네 슈퍼마켓이나 온라인에서 쉽게 구할 수 있는 몇 가지 재료만으로 세제를 만든다. 대부분 비싸지 않아서 돈이 절약되는 건 덤이다.

꼭 덧붙이고 싶은 말이 있다. 각자 삶의 방식도, 살면서 필요한 것도 천차만별인 세상에 누구나 세제를 직접 만들어 쓸 수는 없다. 업무나 집안 대소사에 시간과 자원, 에너지를 쏟아야 하는 일도 다반사다. 만약 그렇다면 쉽게 해낼 수 있는 아이디어 한두 가지부터 이 책에서 골라 시작해 보는 것은 어떨까? 나는 작은 발걸음이 큰 변화의 길을 내고, 한 걸음 옮길 때마다 우리의 건강과 환경에 오직 좋은 영향만이 있으리라 믿는다.

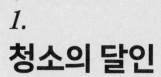

1.
청소의 달인

"좋은 방법을 따르는 것이
목표에 더 빨리 이르는 길이다."

_랄프 왈도 에머슨Ralph Waldo Emerson

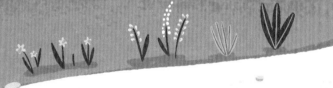

청소는 계획부터

언제나 반짝반짝 깔끔한 집은 드라마에나 있을 뿐. 평일에는 대충 미뤄두고 주말에 몽땅 해치우는 게 나의 청소 습관이었다. 주말이면 마트에 들러 장을 보고, 아들을 놀이 모임에 데려가고, 가족 행사에 참여하는 바쁜 와중에 짬을 내서 청소까지 해야 했다. 계획할 틈도 없이 닥치는 대로 청소를 하다 보면 소홀한 구석이 생기기 마련이다. 그렇게 쌓이고 묵은 때를 벗기려니 나도 모르게 더 강력한 세제를 쓰게됐다.

삶을 더 간소화하고 물건을 덜어내야이 고질적인 문제가 해결될 것 같았다. 나는 많은 시도를 했고 그만큼 실패를 겪었다. 하지만 마침내 가족 모두에게 유용한 방법을 찾아냈다. 여기서 이거 하난 꼭 기억하자. 혼자서 모든 일을 완벽하게 해내지 못한다고 의기소침해져서는 안 된다. 집을 깔끔하고 깨끗하게 유지할 책임은 한집에 사는 구성원 모두에게 있다. 부부가 함께 산다면 일을 공평하게 나누자. 우리 집에서는 내가 청소를 거의 도맡아하고, 남편은 요리와 설거지, 다림질을 한다. 룸메이트와 살고 있다면 할일을 나누고 돌아가면서 당번을 맡는다. 집을 치우고 관리하는 방법은 훌륭한 삶의 기술이다. 아이들도 꼭 배워야 하는 일이니, 스스로 장난감을 정리하고 방을 치우도록 격려하자. 자그마한 손에 맞는 빗자루와 쓰레받기를 사서 집 안의 쓰레기를 쓸어 담게한다. 조금 더 큰 아이라면 침대 위 이불을 정리하고 탁자의 물건을 치우거나 설거지를 함께 할 수 있다. 친환경 청소의 첫발을 떼기 위해서는 각자에게 맞는 청소 계획을 세우고, 물건을 살 때도 좀 더 신중해지겠다는 다짐이 필요하다. 지금부터 어떻게 하면 쉽게 시작할 수 있을지 살펴보자.

의식 있는 청소

이런 책을 쓰는 사람이라고 해서 청소를 즐거워하는 척은 할 생각이 없다. 청소가 재미있다는 사람이 세상에 있을 리가! 하지만 친환경 청소를 시작한 뒤로는 그나마 견딜 만하달까?

이제는 유독가스를 들이마시고 있다는 염려를 하지 않아도 되고 이것저것 제품을 사들이거나 쓰레기장에 버리지 않아도 된다. 나는 살 물건을 신중하게 고르기 시작했다. 그리고 내가 사용하는 제품에 대해 꼼꼼히 오랫동안 찾아보았다. 어떻게 만들어지고, 세상에 나와 팔리기까지 어떤 자원이 이용되는지뿐만 아니라 내가 내린 결정이 환경에는 어떤 영향을 미치는지까지 말이다. 나는 이런 방식을 '의식 있는 청소'라고 생각한다.

다음의 여섯 가지 원칙과 18쪽에 소개할 '5R' 전략은 우리가 의식 있는 청소를 할 때 고려해야 할 점들이다.

독성 물질은 이제 그만

집 안에서 사용하는 세제로 인한 공기 오염은 우리의 건강뿐만 아니라 환경에도 해를 끼친다. 많은 시판 세제에 발암 물질과 호르몬 교란 성분, 우리의 기분에까지 영향을 주는 화학물질이 들어있다고 밝혀졌다. 무독성 세제를 만들어 사용하면 지금 쓰고 있는 제품이 나와 가족, 반려동물은 물론 환경에도 안전할 거라 안심할 수 있다.

재료는 신중하게

친환경 세제를 만든다는 건 재생할 수 있거나, 고갈의 걱정 없이 자연에서 지속적으로 생산되는 재료를 사용한다는 뜻이다.

절약하자

집을 청소하는 데 드는 에너지와 물을

줄이려고 더욱 신경 써보자. 식기세척기는 그릇을 충분히 채운 후에 돌리고 세탁기는 세탁 온도를 낮추거나 찬물로 설정한다. 설거지를 한 뒤 모아 놓은 비눗기 없는 헹굼 물은 화분에 줄 수 있다.

적을수록 좋아

물건을 적게 살수록 플라스틱병이나 각종 도구를 훨씬 적게 소비하는 셈이다. 제품 용기로 쓰이는 플라스틱은 결국 쓰레기장에 매립되는데, 썩어서 없어지기까지 수백 년이나 걸린다. 농축 제품이나 대량포장 제품을 고르면 생활비도 절약할 수 있다.

하천을 더 깨끗하게

시중에서 파는 세제에 가득한 유해 화학물질은 완전히 하수 처리되지 못하고 수중생물의 생태를 위협한다. 이 책에 소개하는 세제들은 절대 하천이나 하천에 서식하는 생물에 해를 끼치지 않는다.

동물 실험은 이제 그만

세제의 유해성을 실험하는 일에 여전히 많은 동물이 희생된다. 친환경적인 방법으로 세제를 만들면 더 이상 동물들이 고통받지 않아도 된다.

시작하기 전에

온라인에는 '친환경'이라는 이름이 붙은 수천 혹은 수백만 가지의 세제 제조법이 있다. 하지만 이 정보들 가운데는 모순되는 내용도 부지기수다.

해당 재료를 사용하는 목적을 제대로 설명하지 않거나 이해하기 어려운 재료를 사용하라고 권하기도 한다. 어떤 경우에는 함께 사용했을 때 오히려 역효과가 나는 재료를 한데 섞기도 한다. 따라서 친환경 세제를 만들기 전에 특정 재료를 왜, 그리고 언제 사용해야 하는지 이해하는 것이 먼저다. 행동에 들어가기에 앞서 24쪽과 '친환경 세제 원료(38~69쪽)' 편에서 소개한 건강과 안전에 관한 정보를 꼭 읽어보기 바란다.

그 밖에 친환경 청소를 시작하기 전에 기억해야 할 점이 몇 가지 있다.

남은 것은 다 쓰기

사용하던 세제나 플라스틱 수세미를 그대로 내다 버릴 수는 없다. 남은 제품을 처치하는 가장 친환경적인 방법은 안타깝게도 다 써서 없애버리는 것이다. 하지만 얼른 친환경 세제를 사용하고 싶거나 개봉하지 않은 새 제품을 가지고 있다면 가까운 무료급식소에 기부하자.

쉬운 것부터 시작하기

서서히 한 번에 하나씩 바꾸자. 우선 세제 하나를 만들어 효과가 어떤지 확인하고 나면 다른 것을 바꿀 때도 도움이 된다. 나는 맨 처음 다용도 부엌용 스프레이(74쪽)를 만들었다. 만드는 데 고작 몇 초밖에 걸리지 않고 돈도 거의 안 드는 데다가 효과가 무척 좋았다. 몇 주간 이 스프레이를 사용하면서 부엌이 얼마나 깨끗해지는지 확인하자 다른 방법도 시도해 보고 싶어졌다.

현실적으로 따져보기

시간이 빠듯한가? 집에 필요한 모든 세제를 만드는 게 과연 실용적인지 의문인가? 그럴 수 있다! 그럼 간단한 세제만 만들어서, 구매한 친환경 세제들과 함께 사용하자. 작은 변화 하나가 큰 차이를 만든다. 그러니 할 수 없는 것을 걱정하는 대신, 할 수 있는 것에 집중하면 된다.

더욱 지속가능한 미래를 위해 바꿀 수 있는 습관을 떠올려보자. 에너지 소비를 줄이거나 재생에너지를 사용할 수 있을까? 물을 더 적게 써보면 어떨까? 세탁기를 돌릴 때 좀 더 짧은 코스를 선택하거나 부엌 개수대에 물을 반만 채우고 설거지를 해보자. 쇼핑 습관을 바꾸는 것도 좋은 방법이다. 주변에 리필용 친환경 청소 제품을 판매하는 가게가 있는지 찾아보자. 그러면 제품을 담아올 통만 챙겨가면 된다. 익숙한 슈퍼마켓에서만 장을 보지 말고 조금 불편하더라도 환경을 생각하며 물건 사는 습관을 들이자.

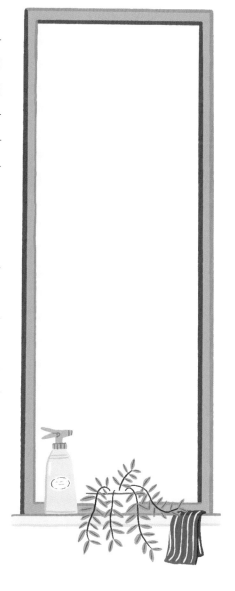

'5R' 전략

합리적으로 에너지를 사용하고 절약하는 것에서부터 쓰레기를 적게 배출하는 요령에 이르기까지 친환경 청소에 적용할 수 있는 모든 방법을 틈날 때마다 고민하자.

여기에 'R'로 시작하는 다섯 가지 전략을 소개한다. 정말 간단하게, 거부하고Refuse, 줄이고Reduce, 재사용하고 Reuse, 재활용Recycle하며 썩히는Rot 것이다. 이 전략을 따르면서 각자의 집과 생활 방식에 알맞은 더욱 지속가능한 선택을 해나가면 된다.

'5R' 전략에 따라 더 친환경적인 집을 만드는 방법을 하나씩 들여다보자.

거부하기(REFUSE)

사용하고 난 뒤 쓰레기장에 쌓이게 될 제품은 애초부터 사지 말자. 플라스틱 스펀지와 청소포, 일회용 물티슈 같은 제품을 사서 쓰고 버리는 일을 당장 멈춰야 한다.

줄이기(REDUCE)

충동구매를 하지 말고 꼭 필요한 물건만 사는 법을 배우자. 얼마 사용하지 않을 게 뻔하다는 생각이 들면 절대 사지 말고 어떻게 하면 전체적으로 쓰레기의 양을 줄일 수 있을지 고민해 보자. 소형 가전제품이 고장 나면 곧장 교체하기보다는 주변에서 손재주 있는 사람을 수소문해 보라. 온라인을 찾아보면 적은 기부금을 받고 수리를 도와주는, 자원봉사자들이 운영하는 수리점 같은 곳도 있을 것이다.

재사용하기(REUSE)

다 먹고 난 잼 병, 땅콩버터 병 또는 인스턴트 커피 병은 흔히 베이킹소다라

불리는 탄산수소나트륨과 구연산(반드시 이름표를 붙여둘 것) 같은 가루를 담아두는 병으로 쓰자. 스프레이 건이 필요한 세제(36쪽 참고)를 담는다면 유리로 된 작은 음료 병이 알맞다. 낡은 면 티셔츠는 잘라서 걸레로 쓸 수 있다.

썩히기(ROT)

탐피코 섬유❖로 만든 교체용 설거지솔, 나일론 칫솔모를 제거한 대나무 칫솔, 재사용 가능한 유기농 면 스펀지나 천연 고무장갑과 같은 다양한 친환경 청소 도구는 퇴비로 만들 수 있다. 바닥을 쓸거나 청소기를 밀다가 나온 머리카락이나 먼지, 유리를 닦는데 사용한 오래된 신문지도 찢어서 퇴비자루에 넣는다. 이 책에 소개한 여러 가지 세제는 허브 가지나 감귤 껍질을 재료로 사용하는데, 세제를 다 쓰고 나면 이 역시 모두 걸러서 퇴비 더미에 넣으면 된다.

재활용(RECYCLE)

어쩔 수 없이 써야 하는데 줄일 수도, 다시 사용할 수도 없는 물건이라면 재활용하자. 자치단체에서 수거하는 재활용품이 무엇인지 온라인에서 찾아보자.

❖ 멕시코가 원산지인 용설란과 식물 아가베의 잎에서 추출한 섬유

주간 청소 규칙

집은 바깥 세상의 풍파를 피해 쉬러 들어오는 쉼터다. 우리는 집에서 위안을 찾고 따뜻한 추억을 만들며 가족을 돌본다.

이와 마찬가지로 집도 가족의 보살핌을 받아야 한다. 하지만 우리는 대개 집을 돌볼 시간과 에너지가 부족하다. 계획을 짜서 청소를 하면 집의 균형을 유지하는 데 도움이 된다. 주기적으로 온 집 안을 말끔하게 관리하면서 다른 일을 할 시간도 확보할 수 있다.

치워야 하는 방이 아주 많은 집과 원룸 구조의 집을 비교한다면 두 집의 청소 규칙은 아마도 많이 다를 것이다. 나의 규칙과 여러분의 규칙이 다를 수도 있다. 처음 세운 청소 규칙이 자신에게 잘 맞지 않거나 상황이 달라지면 이를 변경할 수도 있다. 그래도 전혀 상관없다. 목표는 완벽한 방법을 찾는 것이 아니라 나에게 맞는, 혹은 한집에 사는 가족의 수와 생활 방식에 어울리는 균형을 찾는 것이다.

이렇게 시작해 보자

- 집에서 해야 할 일을 모두 적어서 목록으로 만들자.
- 그 일을 얼마나 자주 해야 하는지 정하자.
- 자신에게 편한 시간을 정하자. 하루 중에 언제, 혹은 어떤 날에 그 일을 하면 좋을까? 저녁 무렵이나 출근하기 15분 전 정도에 하면 좋을 일 등으로 나눈다.
- 해야 할 일이 모두 정해지면 적당한 요일에 따라서 분류한다. 나는 내 청소 규칙을 인쇄해서 온 식구가 볼 수 있도록 붙여놓았다.

나의 주간 청소 규칙

매일 할 일

- **부엌:** 개수대와 조리대, 탁자 닦기. 설거지하기. 식사 후 바닥 쓸기
- **화장실:** 유기농 면 행주로 세면대 닦기
- **침실:** 침대 정리(침대보를 뒤집어 둔 상태로 한 시간 동안 침대에 바람을 쐰 후 정리하면 습기를 제거하고 집먼지진드기를 예방할 수 있다.)
- **빨래:** 매일 세탁조를 채워 빨래하기. 나는 전날 밤에 미리 세탁조 안에 빨래를 채우고 아침에 일어나자마자 세탁기를 돌린다. 빨래가 끝나면 곧장 바깥에 널어 놓은 다음 하루 일과를 시작한다.

매주 할 일

- **부엌:** 가전제품 닦기. 가스오븐레인지 닦기. 바닥 쓸고 닦기
- **거실:** 가전제품 위 먼지 털기와 닦기. 가구 위 먼지 털기와 광 내기. 화분에 물 주기. 청소기 돌리기
- **화장실:** 변기 청소 및 소독하기. 욕조와 세면대 청소. 샤워기, 거울, 기타 용품 닦기. 바닥 청소하기. 수건과 욕실 매트 교체 및 세탁하기
- **침실:** 침구 교체 및 세탁하기. 먼지 털고 정리하기. 청소기 돌리기

계절맞이 청소

규칙적으로 청소를 하다 보면 할 일이 몸에 배어 습관처럼 해나갈 수 있을 것이다. 하지만 이따금씩 대청소의 날을 잡고 구석구석 청소를 해야 차마 손쓸 방도가 없이 집이 망가지는 사태를 미연에 방지할 수 있다.

봄맞이 대청소라고 흔히들 말하지만 나는 계절맞이 청소라 부르고 싶다. 새 계절을 맞이하면서 집 안을 재정비하는 것이다. 봄이 되면 나는 겨우내 덮던 이불을 가벼운 걸로 바꾸고 카펫을 꼼꼼히 청소한다. 다시 해가 점점 짧아지고 기온이 떨어지면 모직 이불을 여러 겹 얹어 두고 난로에 불도 피운다. 이런 식으로 3개월 정도마다 반복적으로 해주어야 할 일들이 있다.

방마다 공통적으로 할 일

청소는 천장 높이에서부터 시작한다. 이 방법이 아래에서 위쪽으로 올라가는 것보다 낫다. 어차피 아래쪽으로 먼지가 떨어지기 때문이다. 청소를 진행하는 방향을 따라 물건을 들어 가면서 쓸고 닦으면 된다.

먼저 높이 있는 전등, 수납장, 커튼봉, 창틀과 문틀의 먼지를 닦아내고 거미줄을 제거한다. 이어서 문, 블라인드, 의자, 책장, 테이블 조명, 텔레비전이나 각종 전자제품이 놓여 있는 중간 높이로 이동한다. 바닥 높이에서는 걸레받이, 라디에이터가 있다면 연결된 파이프의 먼지를 닦는다.

커튼은 모두 빨아서 통풍이 잘 되는 곳에 말린다. 집에서 빨 수 없다면 친환경 드라이클리닝 서비스를 찾아보자. 모든 화분을 닦고, 시든 잎을 치우고 미지근한 물을 흠뻑 줘서(물빠짐 구멍이 있는 화분의 경우에만) 이파리 위에 쌓인 먼지를 제거한다. 그래야 식물이 습도가 낮은 환경에서 버티고 광합성도 더 효과적으로 할 수 있다.

▌각 공간별로 할 일

거실

카펫을 흔들어 털고 청소기로 소파 아래를 청소한다. 잡지, 책, DVD, 장식품을 정리한다.

부엌과 세탁실

찬장과 냉장고 선반 위를 청소한다. 수납장, 서랍, 냉동고와 냉장고 안을 정리한다. 커피머신과 다른 가전제품을 닦고 소독한다.

침실

옷장과 서랍장, 그리고 협탁 안을 정리한다. 매트리스를 청소하고 뒤집어서 돌려놓는다. 침구를 바꾸고 세탁한다. 침대 밑을 청소하는 것도 빼놓지 말자. 아이가 있는 집이라면 장난감 상자를 닦고 헝겊 인형은 세탁한다.

매트리스 청소하는 방법

매트리스 위에 탄산수소나트륨(베이킹소다) 소량을 넓게 뿌리고 손으로 살살 문지른다. 30분간 놔뒀다가 진공청소기로 가루를 빨아들인다. 취향에 따라 탄산수소나트륨에 라벤더 에센셜 오일을 미리 넣은 후에 매트리스에 뿌려도 된다. 라벤더 오일은 편안한 수면을 유도하고 집먼지진드기 퇴치에 도움을 준다.

욕실

샤워커튼봉과 샤워 헤드를 청소하고 소독한다. 환풍기 안쪽의 먼지를 제거하고 모든 수납장 안을 정리한다. 74쪽에 소개할 다용도 스프레이로 아이들의 목욕놀이용 장난감을 닦는다.

건강과 안전 정보

여기에 소개하는 세제용 재료는 모두 독성이 없는 것이지만 엄연히 화학물질이기 때문에 주의를 기울여 조심히 다뤄야 한다.

제조법을 꼼꼼하게 읽고 사용법대로 따른다. 무독성 제품이라도 알레르기가 있거나 갑작스레 반응을 보이는 사람도 많으니 새로운 제품을 사용할 때 기억해 둘 내용이 생기면 메모해 둔다. 만약 어떤 재료나 세제가 피부에 닿거나 눈에 들어가면 즉시 깨끗한 물로 씻어내자.

시험 사용

항상 청소하려는 곳 표면에 미리 조그맣게 시험 사용을 해본다. 눈에 잘 띄지 않는 부분(예를 들어, 모서리나 뒷면 또는 아래쪽)을 골라 제품을 소량만 실험해 보고 계속 사용해도 괜찮을지 확인한다. 만약 문제가 발생하면 즉시 깨끗한 물로 헹구고 해당 표면에 더 이상 쓰지 않는다. 환기도 중요하다. 청소하기 전에 문과 창문을 열어 실내 공기가 잘 빠지도록 한다.

스펀지와 고무장갑

설거지를 할 때 사용하는 스펀지는 청소용 스펀지와 구분하고 정기적으로 소독한다. 고무장갑 착용을 생활화하자. 청소를 하는 동안이든 재료를 섞을 때든, 피부 자극을 피하려면 항상 고무장갑을 착용한다. 나는 수명이 다하면 퇴비로 만들 수 있는 천연 고무장갑을 사용한다. 하지만 고무장갑의 재료인 라텍스에도 알레르기 반응을 나타내는 사람이 있으니 주의하자.

재료 보관

모든 재료는 밀폐 용기에 보관하고 알아보기 쉽게 이름표를 붙인다. 세제는 어린아이나 반려동물이 접근할 수 없는 곳에 두어야 한다.

에센셜 오일

임신 기간이나 어린아이 혹은 반려동
물이 있는 경우에 사용하면 안 되는 에
센셜 오일이 있다. 자세한 내용은 63
쪽을 참고하자.

장비 사용

요리를 할 때와 세제를 만들 때 사용하
는 장비는 분리해 보관한다.

> **끝으로 주의해야 할 재료
> 이야기를 좀 더 해볼 텐데,
> 일단 천연 재료와 시판
> 세제는 섞지 않도록 한다.
> 서로 반응하여 역효과를
> 내는 일이 흔한 데다가 간혹
> 지극히 위험한 상황이 생길
> 수도 있다.**

식초와 캐스틸 비누

식초와 캐스틸 비누가 섞이면 그 즉시

효과가 사라지면서 응고된 하얀 기름
덩어리만 남는다.

탄산수소나트륨(베이킹소다)과 식초

몸에 해롭지는 않지만, 탄산수소나트
륨은 염기성이고 식초는 산성이라서
그 둘이 섞이면 중화되어 물과 소금으
로 분해된다. 이 책에서 세제를 만들
때 종종 두 재료를 함께 사용하기는 하
지만 결코 동시에 넣지는 않는다.

식초와 표백제

이 두 재료를 결합하면 유독한 염소 가
스가 발생해 화학화상과 호흡기 질환
을 일으킬 수 있다. 가정에서 여전히
표백제를 사용하고 있다면 각별히 주
의를 기울여야 한다.

2.
친환경 청소 도구

> "무언가를 깨끗하게 하려면
> 다른 무언가는 더러워져야 한다."
>
> _세실 백스터Cecil Baxter

친환경 도구를 쓰자

청소에는 도구가 필요하기 마련이다. 그러나 우리는 순전히 제품 사용의 편리성 같은 데만 신경을 쓰지, 이 제품이 환경에 어떤 영향을 미칠지는 간과하는 일이 많다. 플라스틱 스펀지, 냄비용 수세미, 다목적 청소포, 설거지용 플라스틱 솔이 쓰레기장에 버려지면 분해되는 데만 수백 년이 걸린다. 극세사 천을 빨 때마다 나오는 미세 플라스틱 입자는 상수도로 돌아온다. 화장실 변기에 버려진 항균 물티슈는 하수 처리시설을 꽉 막아버리거나 바다로 흘러들어 간다.

이러한 플라스틱 도구를 계속 쓰고 버리는 대신 친환경 청소 도구로 바꿔보자. 생각보다 제품의 종류가 무척 다양하고 대부분은 재생 가능한 자원으로 만든 것이라 자연에서 분해되거나 퇴비로 쓸 수 있다. 아니면 그냥 이미 가지고 있는 물건을 사용해도 좋다. 낡은 면 티셔츠나 셔츠를 잘라서 걸레로 만들 수 있고, 유리병을 스프레이 용기로 재활용할 수 있다. 다 쓴 식료품 병에는 친환경 세제의 재료나 만든 세제를 담아두면 되고 대나무 칫솔은 청소하기 까다로운 좁은 곳을 닦는 데 아주 유용하다. 손재주가 있는 편이라면 자투리 실을 사용하여 행주를 직접 만들어보자. 온라인에 만드는 방법이 다양하게 나온다.

지금부터는 청소에 추천할 만한 도구를 소개하려 한다. 나도 집을 청소할 때 늘 사용하는 것들이다. 또한 청소용품을 만드는 데 필요한 필수 장비나 물품 목록도 이 책에 담겨 있다.

추천! 친환경 청소 도구

내가 집 안 곳곳을 청소할 때 늘 사용하는 도구를 소개한다. 전부 친환경 소재라 지구의 건강에도 좋지만 무엇보다 제 기능을 다하는 점이 마음에 든다. 나는 온라인이나 철물점에서 이 도구들을 구매하는 편이며 요즘 들어서는 제로웨이스트 매장도 즐겨 찾는다.

냄비용 수세미

루파※나 호두 껍데기로 만든 수세미는 거칠긴 해도 냄비 표면을 긁을 정도는 아니니 사용해 보자. 식물 소재 수세미는 만드는 데 에너지가 덜 들고 버려진 후에도 완전히 분해된다. 사용 후에는 손으로 빨아 완전히 말린다.

구리 수세미

구리는 경도가 약한 금속이기 때문에 구리 수세미로는 냄비, 유리, 강철, 개수대 및 레인지의 표면을 긁지 않고 닦아낼 수 있다. 낡은 양말이나 면으로 된 망사 주머니에 수세미를 쏙 집어넣고 세탁기에 빨면 여러 번 재사용할 수 있다. 구리는 또한 백 퍼센트 재활용이 가능하다.

재사용 가능한 스펀지

겉면이 헤센(삼베)으로 된 면과 대나무 소재의 스펀지를 고르자. 표면이 거칠어서 냄비와 프라이팬을 닦기 좋다. 나는 조리대, 개수대, 욕조를 청소할 때도 이런 스펀지를 사용한다. 또한 이 소재의 스펀지는 세탁기에 빨 수 있고 관리만 적절하게 해준다면 몇 달씩 사용할 수도 있다. 더 이상 쓸 수 없을 만큼 해지면 잘라서 퇴비통에 넣으면 된다.

※ 오이나 호박을 닮은 박과의 식물 -편집자

유기농 면포

시중에서 살 수 있는 걸레 대부분은 면으로 만든 것인데, 일반 면 역시 환경오염의 주요 원인이다. 하지만 유기농 면은 생산 공정에 드는 물의 양이 훨씬 적고 면을 재배하는 과정에서도 유해한 농약이나 제초제를 사용하지 않는다. 유기농 면은 자연 분해되고 퇴비로 만들 수도 있다. 스프레이 세제를 쓸 때 대부분 유기농 면포를 사용한다 (28쪽에 언급했듯, 낡은 티셔츠를 대신 사용해도 된다).

나무로 만든 설거지용 솔

탐피코 섬유로 만든 뻣뻣한 털이 달린 솔을 찾아보자. 교체 가능한 헤드로 된 것이 좋다. 말의 털로 만든 설거지용 솔이 흔한데, 비건 라이프를 추구하는 사람에게는 적합하지 않으니 구입할 때 잘 살펴보아야 한다. 탐피코 섬유는 아가베 식물에서 추출하며 자연에서 분해되고 퇴비로도 만들 수 있다.

타일과 줄눈 청소용 솔

대나무와 재활용 플라스틱으로 만든 타일 청소용 솔에는 두 종류의 털이 달려있다. 타일 틈새의 줄눈을 닦기 좋은 뻣뻣한 털과, 타일을 닦기 위한 그보다 부드러운 털이다.

면 대걸레

나는 걸레 부분은 탈부착과 세척이 가능하고 밀대는 나무로 된 대걸레를 사용한다. 바닥을 청소한 후에는 세탁기에 면으로 된 걸레 부분만 넣어서 빤 다음 공기 중에 말린다. 젖은 대걸레는 세균의 온상이 되기 십상이므로 걸레가 완전히 말랐는지 확인한 후에 보관하자.

아연 도금한 대걸레 양동이

중간중간 걸레의 물기를 짤 수 있도록 안쪽에 원뿔 모양의 탈수기가 달린 것을 찾아보자. 이런 양동이는 내구성이 무척 뛰어나서 평생 쓸 수도 있다.

빨래집게

안타깝게도 플라스틱과 나무로 만든 빨래집게는 대부분 그리 오래가지 못한다. 교체해야 할 때가 되면 이번에는 스테인리스 옷걸이로 바꿔보자. 튼튼하고 오래가며 녹슬지 않기 때문이다. 아니면 FSC(국제산림협회) 인증을 받은 전통 나무 집게를 찾아보라. 이 인증은 제품에 쓰이는 나무를 지속가능한 방식으로 베고 관리한다는 뜻이다.

필요한 것만 사자.

'지속가능성 트렌드'에 편승해 한몫 잡아보려는 회사들이 많다. 이런 분위기에 휩쓸리면 당장 친환경적으로 살아야 할 듯한 조바심이 생긴다. 하지만 친환경 세제를 꼭 세련된 호박색 유리병에 담고 화려한 이름표로 꾸며야 하는 걸까? 지속가능한 생활을 실천하는 사람이라는 걸 내보이기 위해 그 세제병을 돋보이게 늘어놓을 아름다운 진열장이 있어야만 하나? 진심으로 환경을 생각한다면, 지금 쓰고 있는 건 다 쓰고, 재활용할 것은 하고 새롭게 꼭 필요한 것만 사도록 하자.

현재 사용하는 청소 도구를 살펴보자

이미 극세사 천을 많이 가지고 있다면, 굳이 유기농 면을 새로 사지 말고 가진 것을 먼저 사용하자. 냄비용 수세미, 설거지용 솔 및 플라스틱 스펀지도 마찬가지다. 있는 것을 그냥 내다 버리는 것보다 다 쓴 뒤에 친환경 청소 도구로 바꾸는 편이 낫다.

청소에 정말 필요한 것이 무엇인지 스스로에게 물어보자

만약 혼자 살고 있다면 아이를 키우는 가정처럼 집을 험하게 쓰지는 않을 테니 어마어마한 장비나 용품을 갖출 필요는 없다. 물건을 쟁여 놓기 전에 실제로 무엇을 얼마나 쓰는지 따져보자. 우리 가족은 달랑 세 명인데 내가 '친환경 청소'라는 대장정을 시작하기 전까지만 해도 찬장에 서른 장이 넘는 행주가 있었다. 아마도 그중에 실제로 사용하는 양은 3분의 1 정도뿐이었던 듯하다.

꼭 살 물건이 있다면 실용적인 방법을 찾아보자

빗자루와 쓰레받기, 각종 먼지떨이, 행주, 유리병은 벼룩시장이나 중고 상점에서 늘 헐값에 구할 수 있다. 유리병이나 도자기 찻잔은 쓰기에 따라 훌륭한 보관 용기나 촛대로 변신한다. 그 밖에 집에 없거나, 있어도 가끔씩만 쓰는 물건은 빌리거나 빌려주자. 예를 들어, 친구나 이웃에게 스팀청소 걸레를 빌릴 수 있는지 물어보라(답례로 집에서 만든 세제를 선물할 수도 있다). 스팀청소기와 카펫청소기 같은 소형 가전은 동네 커뮤니티에서 짧게 대여하는 것도 좋다.

크리스마스나 생일, 집들이, 결혼 같은 행사에 친구나 가족과 선물을 주고받을 때에도 실용적이면서 환경에 해를 덜 끼치는 물건을 고르는 건 어떨까? 나무로 만든 빨래 건조대, 마르세유 비누나 에나멜 쓰레받기 같은 품목을 고려해 보자.

세제 만들기용 물품 ━━━━━━

본격적으로 제품을 만들기 전에 꼭 필요한 물품을 한데 모아두면 좋다. 대부분 이미 갖고 있는 것들이겠지만, 요리할 때 쓰는 도구와는 꼭 분리해서 보관하도록 한다.

믹싱볼

내열 유리그릇을 사용하자. 액체 세탁세제(100쪽 참고)와 같은 제품을 만들 때는 재료를 넣어 녹이는 경우도 있으니 높은 온도에서도 깨지지 않는 그릇이 꼭 있어야 한다.

뚜껑이 있는 유리병

나는 세탁용이나 설거지용 액체 세제와 같이 대량으로 만드는 세제를 큰 킬너 유리병(750㎖, 1ℓ)이나 뚜껑에 고무로 밀폐 처리가 되어 있는 메이슨 병(450g, 900g)에 주로 넣어둔다(74, 100~103쪽 참고). 이런 병은 재사용할 수 있으며 필요한 경우 고무 부분만 구입해 손쉽게

교체할 수도 있다. 소량으로 만드는 세제는 잼을 먹고 나온 빈 병을 재활용하자.

스프레이 건이나 펌프가 달린 유리병

유리병에 직접 스프레이 건을 부착하거나(36쪽 참고) 온라인 또는 제로웨이스트 매장에서 스프레이용 유리병을 여러 개 사두자.

고무장갑

재료를 섞을 때는 반드시 장갑을 끼자. 나는 윤리적인 방법으로 공급된 천연 원료로 만든 고무장갑을 쓴다. 수명이 다할 때까지 쓰고 나면, 조각조각 잘라 퇴비통에 넣는다.

이름표 또는 유리 펜

종류를 구분하기 쉽도록 라벨 제조기를 사용하거나 직접 인쇄해 세제의 이름을 적는다. 나는 유리 펜으로 병에

다 직접 쓰는 것을 좋아한다. 더 빠르고 쓰레기도 덜 나오기 때문이다.

저울

수동이든 디지털이든 상관없다. 무게를 잴 때는 저울 접시 대신 유리 믹싱볼을 쓸 일이 많기 때문에 올려놓을 때마다 저울을 0으로 재설정해서 쓴다. 적은 양을 측정할 때는 계량컵을 사용할 수도 있는데, 이때도 마찬가지로 음식을 계량하는 컵과 반드시 구분해서 써야 한다.

편수냄비(소스팬)

유리 믹싱볼의 아랫부분 지름을 고려해, 냄비 위에 볼을 올렸을 때 냄비에 담긴 물이 믹싱볼의 바닥에 닿지 않는 크기를 선택한다.

강판

청소용품을 만들 때만 사용할 작은 강판을 준비하자.

숟가락

나는 재료를 섞는 데 에나멜 숟가락을 사용하기는 하지만, 사실 나무 숟가락 몇 개만 있어도 충분하다. 어떤 제품을 만들 때 쓰는 것인지 구분하기 위해 지워지지 않는 펜으로 숟가락에 용도를 써둔다.

깔때기

입구가 좁은 병과 통에 세제를 채우다 보면 자칫 흘리기 쉽다. 이럴 때 깔때기를 사용하자. 입구의 크기를 미리 재서 딱 맞는 것을 사도록 한다. 스테인리스 스틸로 만든 깔때기는 내구

성이 좋고 녹슬지 않아 안성맞춤이다. 온라인으로 가정 양조기 혹은 저장 용기를 전문으로 판매하는 업체의 웹사이트를 찾아보면 다양한 크기의 깔때기를 구할 수 있을 것이다.

다 쓴 유리병으로 스프레이 병을 만들자

세제를 담겠다고 새 유리병을 사는 것보다 집에 있는 병을 재활용하는 편이 더 쉽고 지속가능한 삶을 실천하는 방법이다.

단, 시판 세제가 있던 스프레이형 플라스틱병은 사용하지 않도록 한다. 아무리 잘 씻어도 원래 제품의 잔여물이 일부 남아, 새로 만들어 넣는 천연 세제를 오염시킬 위험이 있다.

물이나 탄산음료가 들어있던 유리병이 청소용 스프레이로 사용하기에 가장 좋다. 여기에 추가로 스프레이 건이 필요한데, 리필 매장이나 온라인 소매점에서 구입한다. 스프레이 건이 작은 편이라 병목 부분이 잘록한 토닉워터나 진저비어 병 등이 가장 잘 어울린다.

▎병 1개 만들기

준비물:

- 주스/토닉워터 유리병 1개
- 스프레이 건 1개

1. 병을 뜨거운 비눗물에 씻는다. 제품 라벨을 전부 제거하고 완전히 말린다.
2. 스프레이 빨대가 병 바닥에 닿을락 말락 하게 맞춰서 자른다. 빨대가 바닥까지 닿으면 액체가 빨대를 타고 원활히 올라오지 못한다. 그렇다고 빨대를 너무 짧게 잘라도 안 된다. 바닥에 액체가 남게 되기 때문이다.
3. 스프레이 건을 병에 돌려서 끼운다.
4. 이름표 스티커를 붙이거나 유리 펜으로 내용물의 이름을 쓴다.

더 큰 유리병을 사용할 수도 있고, 스프레이 건 대신 세탁이나 설거지용 액체 세제 또는 핸드워시를 짜기에 좋은 펌프형 뚜껑을 끼워도 된다. 증류 백식초나 올리브오일 병도 이런 용도로 사용하기에 제격이다. 마찬가지로 뜨거운 비눗물로 병을 씻고 완전히 건조한 후 내용물을 채우고 펌프형 뚜껑을 추가하자.

3.
친환경 세제 원료

"제자리가 아닌 곳에 있는 것이
 바로 쓰레기다."

_헨리 존 템플Henry John Temple

원료

세제를 만들기 전에 각 원료의 성분은 무엇인지, 그리고 친환경 청소에서 어떤 역할을 하는지 꼭 알아두자. 세제는 크게 세 가지 기본 재료인 식초, 액체 비누, 탄산수소나트륨(베이킹소다)을 가지고 만든다. 그래서 만드는 방법을 읽다보면 다 똑같아 보일 수 있다. 하지만 관건은 어떤 성분들이 어떻게 조화를 이뤄서 작용하는지를 배우고 최상의 결과를 얻을 수 있는 사용 순서를 아는 것이다.

집에 보관할 공간이 있다면 원료를 살 때 대량 구매를 고려해 보자. 캐스틸 비누와 증류 백식초는 5ℓ 크기 병으로 온라인에서 쉽게 살 수 있다. 최대 25kg짜리 대용량 결정소다(세탁소다)나 구연산, 탄산수소나트륨을 구매하면 플라스틱 포장을 줄이는 데도 도움이 된다. 제로웨이스트 매장이 근처에 있다면 더할 나위 없다. 집에 있는 빈 통이나 병을 가지고 가서 탄산수소나트륨이나 액체 캐스틸 비누와 같은 재료를 담아 오면 된다. 건강이나 식품 관련 전문점에서는 포장되지 않은 비누와 그 외 친환경 청소에 꼭 필요한 물건들을 팔기도 한다.

이제부터는 각 원료가 어떻게 만들어지는지, 그리고 왜 친환경 청소에 사용하는지와 그 원료들을 구매할 수 있는 가장 지속가능한 방법에 대해 자세히 살펴보자.

그린워싱(친환경 위장)

이 책에 등장하는 모든 세제를 만드는 일이 가능할 리도 없거니와, 그렇게 하는 게 항상 실용적이지는 않다.

집에서 직접 만든 세제를 보완하기 위해 시판 친환경 제품을 함께 쓰는 것도 괜찮다. 하지만 어떤 상품이 믿을 만한지 어떻게 확신할 수 있을까? 많은 회사가 환경 친화적인 제품을 만드는 듯이 홍보하지만 실상은 그와 거리가 먼 경우가 태반이다. '그린워싱'이라 불리는 이 교묘한 포장에 속은 소비자들은 회사가 환경 보호에 앞장선다고 굳게 믿고 제품을 산다. 정말 친환경적인 제품인지를 알아보려면 직접 조사해야 한다. 영국의 웹사이트 '윤리적 소비자(Ethical Consumer, www.ethicalconsumer. org)'에서는 슈퍼마켓 자체 브랜드를 포함한 각종 생활용품의 상세한 분석 내용을 볼 수 있고, 미국의 환경단체 EWG(Environmental Working Group, www.ewg. org)는 청소 제품의 독성을 따지는 채점 시스템을 가지고 있다. 두 곳 모두 소비자가 더 나은 선택을 할 수 있도록 돕는 독립적인 비영리 단체이다. 이렇게 제품의 신뢰도를 확인할 수 있는 기관을 찾아 친환경 인증 여부를 정확히 확인하자.

소셜 미디어도 그린워싱을 하는 브랜드를 감시하고 거르는 데 한몫을 한다. 어느 소셜 미디어 플랫폼에서나 #그린워싱을 검색해보면 제품과 브랜드에 관해 풍부한 정보를 모을 수 있다.

주의해야 할 원료 정보

온라인에서는 친환경 세제의 원료로 붕사를 많이들 사용하지만 나는 이 책에서 붕사를 제외하기로 결정했다. 환경 친화적인 삶을 사는 사람들 사이에서도 붕사의 친환경 여부에 대해서는 의견이 엇갈린다. 유럽연합도 건강에 유해하다는 이유로 붕사의 사용을 금지했다(대신 붕사 대체재를 쓴다). 만약 붕사나 붕사 대체재를 써서 세제를 만들 생각이라면, 시간을 할애해 충분히 조사를 한 뒤에 결정하라고 조언하고 싶다.

또한 친환경 청소에 야자유를 사용할지에 대해서도 생각해 볼 필요가 있다. 야자유 산업에는 삼림 벌채와 대기 오염, 멸종 위기종의 서식지 파괴에 이르기까지 기후 변화와 관련한 문제가 복잡하게 얽혀 있기 때문이다. 야자유는 고체 비누, 세탁 세제, 액체 캐스틸 비누 등에 주로 사용되므로 야자유가 들어있지 않거나 지속가능한 생산 공정을 인증받은 야자유로 만든 제품을 선택해야 한다.

식초

증류 백식초는 친환경 청소의 단골 재료다. 독성이 전혀 없고 자연에서 분해되며 용도도 다양하다. 또한 매우 저렴하며 구입하기도 쉬워, 친환경 청소라는 여정을 시작하기에 딱 맞는 기본 중의 기본이라 할 수 있다.

처음 세제를 직접 만들기 시작할 무렵, 나는 '증류 백식초'라는 용어가 영 낯설었다. 내가 사는 영국에서는 일반적인 제품 라벨에 적혀 있는 걸 본 적이 없기 때문이다. 하지만 알고 보니 증류 맥아 식초 또는 화이트 식초라고도 하며, 나라마다 붙은 이름이 다를 뿐 흔히 구할 수 있는 것이었다. 단, 식초는 꼭 갈색 보다는 맑은 증류 맥아 식초를 사도록 하자. 그렇지 않으면 심한 얼룩이 남을 수 있다.

증류 백식초는 곡물(보통 보리나 옥수수)을 발효시킨 에탄올로 만드는데, 에탄올은 이후 아세트산으로 전환되고 물에 희석된다. 슈퍼마켓에서 살 수 있는 증류 백식초는 보통 산성도가 5퍼센트가량이다. 온라인에는 산성도가 6~8퍼센트에 달하는, 더욱 강한 청소용 식초를 파는 곳도 있다. 어느 쪽이라도 상관없지만, 나는 동네 가게에서 쉽게 살 수 있는 산성도 5퍼센트짜리 식초를 사용하는 편이다. 포장재를 최대한 적게 쓰고 싶고, 집에 여유 공간이 넉넉하다면 온라인에서 5ℓ 용기에 담긴 증류 백식초를 주문하면 된다. 아니면 슈퍼마켓에서 플라스틱병 말고 재활용하기 더 좋은 유리병에 든 식초를 고르자.

백식초는 천연 탈지제이자 탈취제, 그리고 살균 및 항진균 효과가 있는 소독제이다. 유리가 잘 닦이고, 비누 찌꺼기를 녹이며 제거하기 까다로운 얼룩도 잘 지운다. 식초의 유일한 단점은

지독한 냄새인데, 다행히도 금방 사라 지는 편이다. 냄새를 완화하고 싶다면 허브나 감귤류 또는 에센셜 오일을 첨 가해 쓴다.

참고

대리석이나 화강암 조리대 혹은 석재 바닥에는 식초를 쓰지 않아요. 다공성 표면이라 식초의 산이 자연석을 손상시킬 수 있습니다. 그리고 여러분이 친환경 청소를 시작하긴 했지만 화장실에는 여전히 표백제를 사용하고 있다면, 식초를 같이 사용하는 건 금물! 식초와 표백제가 만나면 유독 가스인 염소가 발생하니 주의해야 합니다. 자세한 내용은 24쪽의 건강 및 안전 정보를 참고하세요.

탄산수소나트륨(베이킹소다)

탄산수소나트륨은 천연 광물인 나코석nahcolite과 트로나trona를 채굴해서 얻는다. 이 광물들은 소다회(탄산칼슘)로 정제된 후에 중탄산나트륨(탄산수소나트륨)으로 바뀐다. 중탄산나트륨이 물에 녹은 알칼리성 용액은 기름과 기름때, 먼지를 제거하는 데 효과가 탁월하다. 또 세균을 유발하는 산을 중화시켜 살균 작용도 한다.

탄산수소나트륨은 주로 영국에서 쓰이는 이름이고, 미국에서는 흔히 베이킹소다라고 쓴다.❖ 동네 슈퍼마켓의 베이킹 재료 코너에서 찾을 수 있는 것과 같은 제품인데, 그렇게 적은 양은 대부분 플라스틱 포장인 데다가 가격도 비싸다. 나는 보통 동네 철물점에서 재활용 가능한 종이상자에 담긴 500g짜리를 사거나 용기를 가져가 담아올 수 있는 리필 매장에서 산다. 온라인에서도 포장 비용이 절약되는 대용량 제품을 살 수 있다. 베이킹소다는 순하면서 효과적인 연마재라서 세라믹 소재의 개수대나 욕조, 부엌 조

❖ 이하 국내에서 주로 쓰는 베이킹소다로 표기 -편집자

리대 위를 닦으면 좋다. 석회를 제거하고 연수 작용을 하며 곰팡이를 억제하는 데도 도움이 된다.

또한 빨래를 할 때 넣으면 표백 효과가 있고 물때나 기름때 같이 까다로운 얼룩도 잘 지워준다. 게다가 천연 탈취제 역할도 해서 쓰레기통이나 냉장고의 냄새를 없애는 데도 자주 쓰인다. 고양이 화장실의 모래 아래에 뿌려두면 지독한 악취를 잡아줄 것이다. 신발에서 나는 냄새가 고민이라면 깔창에 베이킹소다를 조금 넣고 밤새 두었다가 다음 날 아침에 가루를 털어내면 된다.

페인트칠한 벽에 얼룩이 남았다면 따뜻한 물과 베이킹소다를 같은 비율로 섞어 반죽을 만든다. 그리고 깨끗한 천에 반죽을 소량 묻힌 뒤 부드럽게 문질러 얼룩을 제거한다. 베이킹소다는 장난감을 청소하기에도 더할 나위 없이 좋다. 그릇에 따뜻한 물을 담고 베이킹소다를 조금 넣은 뒤 가루가 다 녹을 때까지 젓는다. 녹은 물에 재사용 가능한 스펀지를 적신 후, 장난감을 하나씩 닦아내고 공기 중에 말린다.

> **참고**
>
> 베이킹소다가 종이상자에 들어있거나 리필 매장에서 포장 없이 판매되는 경우, 먹어도 될 정도로 안전하지 않을 수도 있습니다. 제조 회사에서 종종 다른 청소 제품들도 함께 만들기 때문이지요. 그러니 음식에 넣을 베이킹소다는 슈퍼마켓의 베이킹 재료 코너에서 제대로 포장된 것을 골라야 합니다. 일부 베이킹소다 제조사는 동물 실험을 하거나 외주업체를 통해 실험을 대신하고 있으니 비건이라면 구매 전에 제조사별 정책을 확인해 보세요.

캐스틸 비누

내가 쓰는 모든 친환경 청소 재료 중에서 가장 좋아하는 걸 꼽으라면 단연코 액체 캐스틸 비누다. 고농축이라 소량만으로도 오래 쓸 수 있기 때문에 가성비가 뛰어나다. 스페인에서 유래한 캐스틸 비누는 전통적으로 순수한 올리브오일로 만들지만, 현재는 대마, 아보카도, 호호바, 코코넛과 같은 식물성 기름을 혼합해 만드는 방식이 더 일반적이다. 순수 캐스틸 비누는 합성보존료, 합성세제 또는 발포제를 포함하지 않으며 독성이 전혀 없고 생분해되어 반려동물과 아이가 있는 가정에서도 사용하기 안전하다.

이 비누는 무척 순해서 머리끝부터 발끝까지 전부 써도 되고 개를 씻길 때도 좋다! 또한 먼지를 걷어내고 기름기를 제거할 수 있기 때문에 바닥과 욕조를 닦거나 빨래할 때 등 다양한 용도로 쓰인다. 나는 액체 캐스틸 비누를 거의 매일 쓴다. 세제를 만들 때 가장 쉽고 편리하게 사용할 수 있는 재료이기 때문이다. 고체 비누를 사용한다면 그저 비누를 갈아서 물에 희석시키기만 해도 액체 비누가 된다. 다만 기다리는 시간이 더 많이 필요하고 농도를 맞추기가 어려울 수 있다. 얼룩을 지우고 싶으면 고체 비누를 얼룩 위에 문지른 후 빨기만 하면 된다.

한 가지, 캐스틸 비누는 미네랄 함량이 높아 센물에 사용할 경우 가루 형태의 잔여물이나 비누 찌꺼기가 남을 수 있다. 그렇다고 해서 비누가 표면을 손상시켰다는 뜻은 아니니 안심하자. 깨끗한 천으로 다시 닦아주면 잔여물을 쉽게 제거할 수 있다.

걸레받이나 수납장 문 같은 나무 소재를 청소하려면 양동이에 뜨거운 물을 담고 캐스틸 비누 50㎖(3큰술)를 넣는다. 그 물에 깨끗한 천을 적신 후 닦으면 된다. 하지만 왁스칠이나 기름칠이 되어 있는 표면에는 사용하지 않도록 한다.

액체 캐스틸 비누는 여러 경로로 살 수 있지만, 안타깝게도 대부분의 제품이 플라스틱병에 들어있다. 나는 동네 리필 가게에 용기를 들고 가서 비누를 담아오는데 이게 가장 친환경적인 방법이다. 하지만 가까이에 리필 가게가 없다면 최대한 큰 병에 담긴 제품을 구매하자. 그러면 포장 문제를 줄이고 돈도 아낄 수 있다.

추가로, 야자유가 들어있지 않거나(43쪽 참고) 지속가능성이 인증된 야자유를 원료로 한 캐스틸 비누를 사용하고 인공 염료, 발포제 또는 합성 향료를 넣은 브랜드는 피하기 바란다. 캐스틸 비누는 다른 많은 일반 비누들과 달리 동물 실험을 하지 않으며 동물성 지방을 포함하지 않는다.

마르세유 비누(사봉 드 마르세유)

프랑스 남부 마르세유에서 500년 넘게 생산해 온 마르세유 비누는 식물성 오일과 올리브오일로 만드는 단단한 비누다. 이 비누는 여전히 독특한 생산 방식을 고수하고 있는데, 오일과 해초를 태운 알칼리성 재, 지중해에서 떠온 물을 오래된 가마솥에서 끓인 후 열린 구덩이에 부어서 식힌다. 그러고 나서 네모나게 잘라 무게와 함유하고 있는 올리브오일의 비율, 그리고 제조자의 이름을 찍어서 정품을 인증한다.

마르세유 비누는 전통적으로 녹색 또는 흰색이다. 올리브오일로 만들면 녹색, 야자유로 만들면 흰색 빛을 띤다. 세척과 세탁을 위해서는 72퍼센트 도장이 찍힌 녹색 비누를 사용하는 것이 가장 좋은데, 이 숫자는 비누에 들어 있는 올리브오일의 비율을 뜻한다. 프랑스의 가정에서는 수백 년 동안 이 비누를 사용해 집을 청소하고 옷을 세탁해 왔다.

마르세유 비누는 집 안 곳곳에 다양하게 쓸 수 있는 매우 순한 세제다. 천연 항균 작용을 하고 저자극성이어서 빨래나 설거지뿐만 아니라 바닥을 닦는 데 이르기까지 골고루 사용된다. 캐스틸 비누와 마찬가지로 독성이 전혀 없어서 반려동물과 아이에게 안전하다. 원래는 향이 없지만 취향에 따라 세제를 직접 만들 때 에센셜 오일을 첨가하면 된다.

내 주변에는 마르세유 비누를 파는 곳이 없어서 나는 온라인에서 종이로 포장된 600g짜리 큰 덩어리로 구입한다. 조금만 써도 청소 효과가 좋아, 한 덩어리를 오래 사용할 수 있다. 비누를 갈아서 액체 세탁 세제를 만들거나 식기세척기에 가루 세제로 사용하고, 까다로운 얼룩을 제거할 때는 천에 직접 바르기도 한다. 마르세유 비누는 비건용으로 알맞지만 동물성 지방이 포함된 가짜 비누도 많이 팔리고 있기 때문에 속아서 구매하지 않도록 주의해야한다. 구입하는 비누가 전통적인 인증 도장이 박힌 정품인지 항상 확인하자.

종이봉투에 조각 형태로 담긴 마르세유 비누를 팔기도 한다. 이것 역시 무향이며, 인공 색소나 첨가물이 섞여있지 않다. 지극히 순해서 아기 옷뿐만 아니라 모직의류나 실크와 같은 섬세한 옷감도 안심하고 세탁할 수 있다.

만약 실내에서 키우는 화분의 진딧물을 없애려고 갖은 애를 쓰고 있다면 이 비누를 살충제로 써보자. 유리그릇에 따뜻한 물을 1ℓ 정도 채우고 마르세유 비누 간 것을 한 움큼 넣는다. 계속 저어서 녹인 다음 식게 두었다가 깔때기를 사용하여 스프레이 병에 붓는다. 이 용액을 매주 식물의 잎 위아래에 모두 뿌려준다. 단, 양치식물이나 다육식물과 같은 예민한 식물에는 사용하지 않도록 한다.

구연산

구연산은 원래 감귤류 과일에 자연적으로 존재하는 약한 유기산이지만, 친환경 청소에 사용하는 구연산은 곰팡이를 이용해 설탕을 발효시켜 만들어낸 것이다. 그래서 독성이 없고 생분해되는 백색 분말의 형태를 띠고 있다. 소독 작용을 하며 곰팡이 제거 효과가 뛰어나다. 또한 살균력이 있고 항진균성이며 냄새가 전혀 없다.

변기에 물때가 생겼다면 구연산이 등장할 차례다. 우선 화장실 변기에 구연산을 1큰술 넣는다. 변기 물을 내리지 말고 하룻밤 두었다가 아침이 되면 변기 안을 나무 솔로 닦는다. 그러고 나서 물을 내리면 변기 안에 남아있는 구연산 찌꺼기와 미네랄 침전물이 씻겨 내려가 변기가 반짝반짝해질 것이다.

수도꼭지와 샤워부스의 물때를 제거하는 데에도 구연산을 쓸 수 있다. 구연산 2큰술을 뜨거운 물 1ℓ에 녹여 스프레이 병에 넣는다(36쪽 참고). 용액을 표면에 뿌리고 10분간 두었다가 따뜻한 물로 깨끗이 닦아낸다. 이렇게 간단하게 만든 용액으로 부엌 조리대와 식탁도 청소할 수 있다.

구연산은 청소용품점이나 온라인에서 구매할 수 있다. 나는 화장실을 청소할 때만 구연산을 사용하기 때문에 작은 상자 하나만 사도 꽤 오래 쓴다. 만약 잘 지워지지 않는 물때 얼룩을 지우거나 샤워부스를 청소할 때도 구연산을 꾸준히 쓰기로 했다면 역시 대량 구매를 추천한다. 리필 가게에 용기를 가져가서 사오는 것도 좋다. 어떤 구연산은 유전자변형 옥수수에서 추출한 수크로스로 합성하기도 하니 비유전자변형non-GMO 인증을 받은 제품을 찾아보자.

구연산은 피부를 자극할 수 있어 섞거나 사용할 때는 항상 고무장갑을 착용해야 한다. 또한 구연산을 표백제 또는 결정소다(세탁소다)와 섞으면 안 된다. 기침이나 호흡 곤란을 유발할 수 있으므로 사용할 때는 항상 환기를 하고 흡입하지 않도록 조심하자. 어린아이와 반려동물의 손이 닿지 않을 만한 곳에 둔다.

참고

구연산은 다공성 표면을 크게 손상시킬 수 있으므로 대리석 표면이나 석재 바닥에는 절대 사용 금지! 구연산이 닿은 금속은 변색되기 때문에 황동 소재의 수도꼭지나 설비에는 사용하지 말고, 에나멜 및 알루미늄도 피해야 해요.

온라인에서 유명한 변기 폭탄은 구연산을 기본 원료로 만든다. 구연산과 베이킹소다에 에센셜 오일을 몇 방울 섞은 다음 동그랗게 뭉쳐주면 된다. 보기에 예쁘기는 하지만 물에 닿았을 때 반응해 보글보글 기포가 일어나는 것 말고 실제로 별다른 효과는 없다. 구연산은 오히려 단독으로 사용할 때 더 효과적이다. 변기 청소용 세제를 손쉽게 만드는 방법은 125쪽의 변기 세정제 만드는 법을 참고하자.

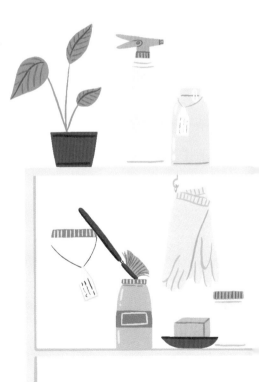

결정소다(세탁소다)

결정소다는 기름기를 제거하는 데 뛰어난 효과가 있고 센물을 연수로 바꿔주기 때문에 친환경 세제의 재료로 자주 쓰인다. 자연에서 분해되고 독성이 없으며 효소, 인산염 또는 표백제가 들어있지 않다. 세탁소다는 곱고 흰 가루로, 물에 섞으면 소다 결정이 생성된다.

탄산나트륨 화합물로도 알려진 결정소다는 베이킹소다(탄산수소나트륨/중탄산나트륨)와 마찬가지로 천연 미네랄인 트로나(46쪽 참고)에서 나오지만 친환경 청소에서는 조금 다른 방식으로 사용된다. 결정소다는 pH(수소이온농도)가 11로 알칼리성이 강하며, 물의 pH를 높여 세척에 도움을 준다.

결정소다는 옷에 묻은 레드 와인이나 커피와 같이 쉽게 빠지지 않는 얼룩을 지우는 데 효과가 좋다. 따뜻한 물에 결정소다 용액을 섞은 뒤 옷을 미리 담가두면 된다. 또한 석회와 세제 찌꺼기를 제거하기 때문에 세탁기를 깨끗하게 유지할 수 있다. 나는 세탁용 천연 가루 세제를 만들 때(102쪽 참고) 결정소다를 주로 사용한다. 연수 작용도 해주고 표백에도 탁월한 효과가 있기 때문이다. 세제의 소다 결정체가 센물 속에 있는 미네랄과 결합하여 섬유를 깨끗하게 해준다.

결정소다는 슈퍼마켓이나 동네 청소용품점의 세탁 코너에서 쉽게 구입할 수 있다. 수성인 데다 고온에서는 결정이 서로 뭉치고 녹는 성질이 있어 영국에서는 주로 1kg 들이 비닐봉지로 포장 판매하고, 온라인에서 10kg 대용량 제품도 찾을 수 있다. 하지만 다른 나라에서는 분말 형태의 세탁소다를 마분지 상자나 종이봉투에 담아 팔기도 한다.

개수대가 막히는 걸 방지하려면 결정소다를 정기적으로 사용하자. 결정소다를 크게 한 컵 배수구에 부은 다음 뜨거운 물로 씻어 내리면 된다. 다만 거친 결정소다가 약한 표면에 흠집을 낼 수 있으므로 주의해야 한다. 알루미늄이나 옻칠을 한 표면에는 쓰지 않는다.

가전제품에 윤을 낼 때도 결정소다를 쓸 수 있다. 따뜻한 물 500㎖(2컵❈)에 결정소다 100g(반 컵)을 넣고 녹인다. 이 용액에 깨끗한 천을 적셔 냉장고, 레인지 후드, 세탁기, 식기세척기 등을 닦아낸다. 그뿐만 아니라 블라인드, 테라스에 두는 가구 및 비닐 샤워 커튼도 같은 방법으로 깨끗이 닦을 수 있다.

참고

결정소다는 피부에 자극을 줄 수 있으니 고무장갑 착용은 필수! 베이킹소다와 달리 부식성이 있기 때문에 절대 섭취해서는 안 됩니다. 어린이와 반려동물의 손이 닿지 않는 곳에 보관하세요.

❈ 이하 모든 컵 계량은 근사치 -편집자

소프넛

이름과 달리 견과류가 아니라 과일인 소프넛은 쪼글쪼글 주름진 호두 껍데기와 흡사하게 생겼다. 집 안 여기저기 다양하게 활용되며, 독성이 없고 재사용할 수 있어 무척 경제적이다. 일단 수명이 다하면 백 퍼센트 생분해되기 때문에 퇴비로 쓰면 된다. 순하고 자극이 거의 없는 재료로, 항진균 및 항균 효과도 있다.

소프넛은 네팔과 인도가 원산지인 무환자나무Sapindus Mukorossi에서 자란다. 첫 번째 열매를 수확하기까지 무려 9년이나 걸리지만, 일단 열매를 맺기 시작하면 연중 6개월 이상 수확할 수 있고, 놀랍게도 나무 한 그루가 90년 이상 열매를 맺는다. 소프넛에 함유된 사포닌이라는 천연 비누 성분에서는 곤충이 싫어하는 맛이 나기 때문에 식물을 기를 때 쓰면 살충제나 제초제를 사용할 필요가 없다. 농부들은 나무에서 떨어진 열매를 모으는 방식으로 수확하며 열매에서 씨앗을 빼내 다시 심는다. 소프넛 껍질에는 어떠한 화학 처리도 하지 않고 세척해서 햇볕에 건조한다.

소프넛에 들어있는 사포닌은 물에 녹아 천에 묻은 먼지와 때를 제거하기 때문에 천연 세탁 세제로 가장 흔히 사용된다. 작게 한 움큼을 모슬린 주머니에 담아 세탁조에 넣기만 하면 된다. 소프넛 자체에는 냄새가 없지만 주머니에 에센셜 오일을 몇 방울 넣으면 세탁물에서 좋은 향이 날 것이다. 이 주머니를 보통 4~6회 정도 반복해서 세탁에 사용할 수 있는데, 껍질을 짜서 비눗물이 흘러나오면 더 쓸 수 있다는 뜻이다.

차가운 물에 세탁하는 경우는 소프넛의 세정 효과가 떨어진다. 뜨거운 물

에 사용하는 게 더 효과적이지만 그렇게 되면 물론 더 많은 에너지를 써야 한다. 아기나 어린아이가 있어서 옷이 쉽게 더러워지는 경우, 소프넛은 얼룩을 잘 제거하지 못하므로 까다로운 얼룩을 지우고 싶다면 먼저 충분히 오랫동안 소프넛 물에 세탁물을 담가놓아야 한다(40℃ 이상의 온수에서 빤다).

소프넛을 우려낸 농축액은 설거지에도 사용할 수 있다. 82쪽에 방법을 소개하고 있으니 참고하자. 또한 창문과 조리대를 닦는 데도 소프넛 농축액이 쓰인다. 스프레이 병에 용액을 붓고 표면에 뿌린 후 깨끗한 천으로 닦아내기만 하면 된다. 유리창은 청소 후에 오래된 신문지로 문지르면 깨끗해진다. 소프넛 농축액은 상하지 않도록 냉장고에 넣어두어야 한다. 그러면 약 3주 동안 사용할 수 있다. 아니면 농축액을 1회분씩 나누어 얼렸다가 녹여서 사용한다.

소프넛은 건강식품점이나 온라인에서 살 수 있다. 백 퍼센트 인증된 유기농 및 공정무역 브랜드를 찾자.

레몬

레몬은 천연 항균 효과가 있기 때문에 친환경 청소와 찰떡궁합이다. 껍질에 담긴 오일은 살균 작용을 하며, 기분 좋은 향기를 내뿜는다. 레몬은 굳은 미네랄이나 기름때를 제거할 때 특히 유용하며 석회를 제거하는 데도 탁월하다. 과육과 껍질, 즙까지 모두 쓰여 쓰레기도 나오지 않으니 이보다 좋을 수 없다. 슈퍼마켓이나 시장에서 포장되지 않은 레몬을 사는데, 너무 많아서 당장 다 못 쓸 것 같으면 그냥 얼려도 된다. 껍질은 갈아서 지퍼백이나 용기에 넣고, 즙은 짜서 얼음 틀에 얼려두면 간단히 해동해서 요리나 청소에 사용할 수 있다. 레몬으로 세탁을 하면 얼룩을 쉽게 제거할 수 있는데 특히 땀 때문에 생긴 누런 얼룩을 말끔하게 지워준다. 흰 옷감을 더 밝게 하는 효과도 있다. 물에 레몬 반 개를 짜서 섞고 흰 옷을 밤새 담가둔다. 다음 날 아침에 헹구고 평소와 같은 방법으로 세탁하면 된다.

증류 백식초가 담긴 병(116쪽 참고)에 레몬 조각이나 껍질을 첨가하면 간단하고 실속 있는 살균제가 완성된다. 레몬 조각과 껍질을 식초에 넣고 3~4주 동안 우려낸다. 그런 다음 병에서 꺼내 퇴비통에 넣는다.

레몬을 이용해 나무 도마에 남아있을지도 모를 세균도 죽일 수 있다. 도마를 씻고 헹군 다음 레몬을 자른 면으로 도마를 문지르고 10분 동안 놓아둔다. 마지막으로 뜨거운 물로 헹구고 공기 중에 건조한다. 다른 나무 도구도 같은 방법으로 닦을 수 있다.

플라스틱 변기 시트에 얼룩이 생기고 냄새가 난다면? 표백제를 들이붓거나 새 변기 시트로 교체하기 전에 레몬을 써보자. 골치 아픈 얼룩 위에 레몬을

문지른 뒤 헹구면 된다. 얼룩이 생긴 지 오래됐다면 여러 번 반복해야 할 수도 있다. 플라스틱 음식 용기에 생긴 까다로운 얼룩도 자른 레몬을 문질러 없앨 수 있다.

타일 줄눈에 조그맣게 얼룩진 부분도 레몬즙으로 지워보자. 재사용 가능한 스펀지를 레몬즙에 담가 얼룩에 문지른 다음 따뜻한 물로 깨끗이 닦아낸다. 진한 부분은 한두 번 더 반복하거나 다 쓴 대나무 칫솔, 줄눈 청소용 솔을 사용하여 세게 문지르면 된다(31쪽 참고). 더러운 줄눈과 타일을 닦을 수 있는 더 강력한 세제를 만드는 법은 122쪽에 소개한다.

친환경 청소에 쓰겠다고 꼭 유기농 레몬이나 왁스를 바르지 않은 레몬을 살 필요는 없지만 유기농 레몬을 구입하는 사람이 많아지면 앞으로 살충제가 덜 쓰이거나 전혀 쓰이지 않을지도 모른다. 왁스를 바른 레몬이건 바르지 않은 레몬이건 꼭 씻어서 사용하자.

소금

소금 없이 요리하는 집은 없겠지만 소금이 훌륭한 친환경 세제가 된다는 사실을 아는 집은 아마 드물 것이다. 소금은 수분을 흡수하기 때문에 얼룩 제거에 탁월한 효과가 있고 연마 성질이 있어 순한 정련제로도 사용할 수 있다. 또한 독성이 없고 자연에서 분해된다.

소금에 레몬즙을 섞으면 옷 위에 생긴 녹 얼룩을 지울 수 있다. 먼저 얼룩 위에 바닷소금 한 작은술을 뿌리고, 소금 위에 레몬즙을 뿌린다. 그대로 햇볕에 말렸다가 찬물로 헹군 다음 평소처럼 세탁하면 된다. 레드 와인 얼룩이 생겼다고? 문질러서 지우려고 하면 안 된다. 대신, 재사용 가능한 천으로 최대한 와인을 빨아들인 후 소금으로 얼룩 전체를 덮는다. 그렇게 하룻밤을 두고, 평소대로 세탁한다.

온라인에는 일반 소금이나 바닷소금 대신 사리염(에프솜염)을 재료로 세제를 만드는 방법이 많이 나온다. 사리염은 황산마그네슘으로 알려진 미네랄 화합물이며 미용과 건강 관리에 가장 많이 쓴다. 그러나 센물을 사용하는 지역에서는 사리염의 미네랄 성분이 더해져 물의 경도가 더 높아지고, 물속의 마그네슘이 비누나 세제의 세탁 작용을 방해하니 사리염을 쓰지 않는 게 좋다.

대신 일반 소금이나 바닷소금도 친환경 청소에 훌륭한 재료이다. 우리 집에는 요리에 쓰는 바닷소금 한 상자가 늘 있다. 슈퍼마켓에서 작은 상자에 담긴 것으로 사는데, 안에 비닐봉지가 있긴 하지만 플라스틱통에 든 일반 소금을 고르는 것보다는 낫다. 온라인에도 종이로 포장해 주는 플라스틱제로 매장이 있다. 집 근처에 있는 리필 가게를 찾아보거나 동네에서 구할 수 있는 친환경 재료를 알려주는 제로웨이스트 모임을 소셜 미디어에서 찾아 가입하는 것도 좋다. 바닷소금은 여전히 태양과 바람으로 수분을 증발시키는 전통적인 방식으로 만들기 때문에 환경에 더 건강하다. 바닷소금을 생산하는 업체는 세계 어디에나 있으니 여러분과 가장 가까운 곳을 찾아보자. 한편 일반 소금은 보통 채취한 후 진공 상태에서 수분을 증발시켜 만들기 때문에 아무래도 전통적인 바닷소금 채취 방식보다 더 많은 에너지를 사용하게 된다. 일반 소금은 극동 지역에서 수입되는 양이 많아, 멀리 떨어진 지역에 살고 있다면 운송도 고려해야 한다. 인근 지역의 바닷소금을 사용한다면 에너지와 운송비용 모두 크게 줄어들 것이다.

에센셜 오일

어떤 걸 '상쾌한 향기'라고 할 수 있을까? 달콤한 여름 장미 향? 숲속 가득한 나무 내음? 어떤 걸 떠올리든, 지금껏 많은 세정제에서 맡아온 향기는 상쾌한 자극일지 모르나 자연적인 향은 아니다. 과학자들이 실험실에서 인위적으로 만들어낸 이 독한 화학물질은 환경에 해를 끼칠 뿐만 아니라 실내 공기 오염의 원인이 된다.

청소 제품에서 꼭 향기가 나야 할 필요는 없다. 정작 청소 작용을 하는 것은 향료가 아닌 다른 원료이기도 하다. 하지만, 집과 빨래에서 좋은 향기가 나길 바란다면 에센셜 오일을 사용하여 직접 향을 만들 수 있다. 에센셜 오일 중에는 천연 항균, 항바이러스, 그리고 살균 작용까지 해주는 것도 많다.

방향 식물에서 수증기 증류법 또는 냉압착법으로 얻는 에센셜 오일은 고농축된 진한 오일이다. 그래서 사용하기 전에 물이나 캐리어 오일에 몇 방울씩만 떨어뜨려 희석한다.

에센셜 오일을 구입할 때는 식물에 제초제나 살충제를 뿌리지 않았다고 보장하는 순수한 유기농 오일을 구입하자. 제초제나 살충제가 수증기 증류 중에 오일에 섞일 수 있기 때문이다. 호주의 티트리나 영국의 라벤더와 같

이 토종 식물을 사용하고 원산지를 라벨에 표기한 제품이 좋다. 토종 식물은 강우량, 기후 및 적절한 토양 조건만 갖춰지면 방해 없이 잘 자라지만, 외래 식물은 여분의 물, 인공 빛과 열뿐만 아니라 화학 퇴비를 더해줘야 할 수도 있으니까 말이다.

순수 에센셜 오일은 꽤 비싼 편인데, 조금 저렴한 것은 희석되어 있는 경우도 많고 지속가능한 방법으로 생산되지 않았을 가능성이 크다. 포장이 적은 대용량 병에 담긴 에센셜 오일을 사면 돈을 절약할 수 있다.

에센셜 오일을 선택할 때는 단작과 삼림 벌채와 같은 환경 문제도 고려해야 한다. 제조사를 조사해 농업과 인권 문제에 어떤 태도를 취하는지 알아보도록 하자. 유향, 백단유, 자단과 같은 멸종 위기에 처한 여러 식물이 에센셜 오일에 사용되는 경우도 있는데, 이 식물들이 들어간 제품은 가능한 한 구매를 자제하는 것이 좋다.

이어서 내가 가장 좋아하는 에센셜 오일과 친환경 청소에 사용할 오일 섞는 법을 소개할 텐데, 예산이 빠듯하다면 한두 가지의 오일만 사용해도 좋다. 감귤류 오일 중 하나와 티트리 정도면 항균과 소독 효과를 누리는 동시에 멋진 향기를 즐길 수 있다.

참고

임신 중이라면 에센셜 오일을 사용하기 전에 반드시 의료 전문가와 상의하세요! 또한 티트리처럼 반려동물 가까이에서 쓰기에 안전하지 않은 오일도 많으니 수의사에게 문의 후 구입해야 합니다. 에센셜 오일은 항상 그늘진 곳에 보관하고 반려동물이나 어린이의 손이 닿지 않게 하세요.

에센셜 오일 조합하기

다음은 친환경 청소를 할 때 내가 섞어 쓰는 에센셜 오일 목록이다. 대부분 자연 소독과 항균 작용을 하고 아찔하게 좋은 향기는 덤이다.

허브

- **바질:** 향긋하고 알싸한 향, 기분이 좋아지는 효과
- **페퍼민트:** 항균, 강한 소독 효과
- **파인:** 솔잎 향, 항균 효과
- **로만 카모마일:** 과일 향과 허브 향, 진정 작용
- **로즈메리:** 약용, 소독 효과
- **티트리:** 따뜻하고 톡 쏘는 향, 항균 및 항진균 효과
- **유칼립투스:** 천연 항균 및 소독, 집먼지진드기 예방 효과

플로럴

- **로즈 제라늄:** 활기차고 기분이 좋아지는 효과
- **라벤더:** 긴장 완화 효과

시트러스

- **자몽:** 가볍고 새콤한 향, 상쾌함과 활기를 되찾는 효과
- **레몬:** 상쾌하고 깨끗한 향, 항균 및 소독 효과
- **오렌지:** 상큼한 과일 향

스파이시

- **정향:** 천연 세제이자 좋은 소독제
- **생강:** 소독 및 항균 작용, 벌레 퇴치 효과

에센셜 오일은 가격이 꽤 나가니 서두르지 말고 한 번에 하나씩만 사보기를 권한다. 레몬이 첫 도전으로 무난하다. 그 후에는 나라면 티트리나 페퍼민트와 같은 항균, 소독 효과가 있는 오일을 추가할 것이다. 이 책에 등장하는 거의 모든 친환경 세제에 레몬과 티트리 또는 페퍼민트를 사용할 수 있

다. 각 세제에 들어가는 재료를 여러분이 가지고 있는 오일로 바꾸기만 하면 된다. 앞의 오일 목록은 향기 그룹별로 분류한 것이다. 자신만의 에센셜 오일 조합을 만들 때 참고하자. 같은 향기 그룹에 속한 오일은 서로를 보완해 준다.

서로 잘 어울리는 다음 향기 그룹을 조합해 좀 더 창의적인 시도를 할 수 있다.

- 시트러스 & 플로럴
- 시트러스 & 허브
- 플로럴 & 허브
- 스파이시 & 시트러스

여기까지가 초보자에게 아주 좋은 조합이고 이제부터는 그보다 경험이 많은 사람에게 어울리는 좀 더 복잡한 구성이다.

다음은 내가 가장 좋아하는 조합을 정리한 것인데, 이 책에서도 세제를 만드는 방법에 골고루 등장한다.

- 자몽, 바질 & 페퍼민트
- 카모마일 & 오렌지
- 로즈 제라늄 & 라벤더
- 레몬, 라벤더 & 페퍼민트
- 오렌지 & 로즈메리
- 페퍼민트 & 레몬
- 파인 & 레몬
- 로즈메리, 세이지 & 라벤더
- 티트리 & 레몬

오일을 섞을 때 정확히 몇 방울을 넣어야 한다는 엄격한 규칙은 없다. 어떤 에센셜 오일은 다른 오일보다 향이 훨씬 진하고 더 비싸기도 하다. 세제를 만드는 방법에 내가 에센셜 오일을 몇 방울씩 넣었는지 적기는 했지만, 자신에게 가장 잘 맞는 조합을 찾아 적당히 조절하자.

허브와 감귤류 껍질로 가루 만들기

뒤에서 갓 말린 허브와 감귤류 껍질로 만든 가루를 넣어 세제를 만드는 방법을 소개할 것이다. 자연스럽게 향을 더해주는 재료로, 에센셜 오일을 사용할 수 없거나 사용하고 싶지 않을 때 대안이 된다.

라벤더, 민트, 로즈메리, 백리향은 모두 말리고 난 후에도 향이 진하게 남아 있고 잘 썩지 않기 때문에 가루로 만들기 좋다. 허브를 말린 후 각각 가루를 만들거나 함께 섞어 나만의 향기 조합을 만들 수 있다.

나는 동네 과일 가게에서 쉽게 구할 수 있는 자몽과 레몬으로 감귤류 껍질 가루를 자주 만든다. 모든 감귤류 과일 껍질을 가루로 만들 수 있으니 마음껏 실험하며 나만의 세제 재료를 만들어 보자.

▌ 감귤류 껍질을 말리는 법

1. 감귤류 과일 껍질을 씻어서 말린다. 껍질은 천연 향을 내는 데만 쓰이기 때문에 찬물에 씻어도 괜찮다.
2. 채소 필러를 사용해 껍질의 색이 있는 부분을 얇게 벗겨내고 안쪽 하얀 부분은 그대로 둔다.
3. 벗겨낸 조각을 껍질 부분이 아래로 가게 접시 위에 올려놓고 실온에서 3~4일 건조한다. 껍질이 오그라들며 완전히 마르면 사용할 수 있다.

▎신선한 허브를 말리는 법

1. 허브의 잔가지를 자르고 상태가 좋지 않은 잎은 제거한다.
2. 허브를 씻고 헝겊이나 행주로 가볍게 두드려 말린다.
3. 잔가지 밑 부분의 잎을 제거한 후 줄기를 한데 모아 노끈이나 고무줄로 묶는다.
4. 짜임 있는 천 또는 종이봉투로 허브 다발을 감싸고 공기 순환을 위해 천이나 종이봉투에 구멍을 여러 개 뚫는다.
5. 잎이 아래를 향하도록 허브 다발을 뒤집어 따뜻하고 건조한 곳에 걸어둔다. 허브가 공기 중에서 건조되기까지는 약 열흘 정도 걸린다.

▎허브/감귤류 껍질을 가루로 만드는 법

1. 말린 허브 다발에서 잎을 떼어내 푸드프로세서나 커피 분쇄기에 넣는다.
2. 말린 감귤류 껍질을 푸드프로세서나 커피 분쇄기에 넣는다.
3. 허브/껍질이 고운 가루가 될 때까지 간다.
4. 밀폐 용기에 담고 이름표를 붙인다.

그 밖의 재료

친환경 세제를 만들 때 내가 사용하는 재료가 몇 가지 더 있다. 매번 쓰지는 않지만, 각각의 재료와 사용하는 목적을 조금 더 알아두면 좋다.

식물성 글리세린

비누 제조 과정의 부산물인 글리세린은 코코넛, 콩, 유채씨, 옥수수 또는 야자에서 나온다. 끈적끈적하고 투명한 시럽 형태로 천연 방부제 효과가 있으며 때와 얼룩을 제거하는 데도 좋다. 야자유를 사용하지 않는 유기농 식물성 글리세린을 선택하도록 한다.

정제 코코넛오일

정제 코코넛오일은 버진 코코넛오일에서 지방산을 제거한 것이다. 가볍고, 냄새가 없으며, 실온에서 액체 상태다. 코코넛오일의 수요 증가로 환경 문제도 폭발적으로 늘어났다. 맹그로브 숲이 개간되었고, 살충제로 인한 생태계 파괴가 심각하다. 하지만 생물다양성 보존을 위해 유기농으로 농사를 짓는 곳도 있으니 환경을 위해 유기농 정제 코코넛오일을 구매하자.

유채씨 왁스

유채씨유로 만든 천연 식물성 왁스. 나는 이 왁스로 초를 직접 만든다. 깔끔하게 타고 향도 오래가기 때문이다. 유채씨는 재생 및 지속가능하며, 자연분해되는 식물성 원료이다. 영국과 유럽에서 널리 재배되기 때문에 내게는 유채씨 왁스가 콩, 코코넛 또는 야자로 만든 수입 왁스보다 탄소발자국도 훨씬 적다. 만약 유채씨 왁스를 찾기가 어렵다면 비유전자변형 소이 왁스로 대체하자.

녹여 붓는(MP) 비누 베이스

시중에 여러 비누 베이스가 있는데, 많은 경우 야자유나 미네랄 오일(원유의 부산물)을 함유하고 있고 일부는 유전자변형 작물로 만들거나 동물성 지방이 들어있어 모두 다 환경에 이롭지는 않다. 나는 비건이거나, 비유전자변형 작물로 만들었으면서 야자유와 합성 계면활성제가 들어있지 않은 베이스를 선호한다. 대표적인 것이 아르간오일 비누 베이스로, 비타민 E가 풍부하고 피부에 좋은 성분이 들어있다. 또 오트밀과 시어버터 베이스도 순하게 각질을 제거할 수 있어 애용하는 편이다. 둘 중에 하나만 사용해도 효과는 충분하고 에센셜 오일, 허브 추출물, 양귀비 씨앗 또는 말린 꽃으로 향을 더할 수도 있다.

밀랍

나는 동네 가게에서 백 퍼센트 국산인 바 형태의 밀랍을 산다. 국산 밀랍을 사려면 직거래를 하는 양봉 협회가 있는지 문의해보자. 밀랍 알갱이는 비누 재료 판매점에서도 구할 수 있다(가능하면 유기농 제품을 선택한다). 밀랍 대신 사용할 수 있는 비건용 재료가 온라인에 있기는 한데, 파라핀 왁스로 만든 것이라 지속가능한 방법으로 생산된 제품이 아니다.

4.
실전! 부엌 청소

"설거지를 하다 보면
플롯이 절로 떠오른다."

_애거사 크리스티Agatha Christie

부엌

내가 친환경 청소의 첫발을 뗀 곳은 부엌이다. 제일 처음, 그간 좁은 찬장에 차곡차곡 쑤셔 넣어둔 필요 없는 청소 도구들을 발견하고 경악했던 기억이 난다. 대부분은 충동적으로 구입해 한 번도 사용한 적이 없는 것이었고 나머지는 뜯어보기는 했지만 딱히 쓸데가 없어서 구석에 밀려나 있었다.

이제는 바꿔야 한다고 마음먹고 방법을 연구했다. 역시나 시작은 가볍게. 우선 캐스틸 비누 스프레이(74쪽 참고)를 만들어 조리대와 주방용품을 닦았다. 스프레이를 만드는 데 별 노력을 들이지도 않았는데 굉장히 만족스러운 결과를 얻자, 더 열심히 새 청소법을 찾게 되었다. 연마용 가루(76쪽 참고)로 개수대를 닦고 좀 더 확실히 청소를 해야 할 때는 저자극성 오렌지와 로즈메리 스크럽(118쪽 참고)을 사용했더니, 개수대에서 번쩍번쩍 광이 났다. 다음은 레인지와 오븐(86, 88쪽 참고) 차례였다. 반년도 채 지나지 않아 나는 더 이상 세제를 사지 않게 되었지만 내 부엌은 그 어느 때보다 깨끗했다.

부엌 세제 대부분은 더 친환경적인 것으로 교체할 수 있지만, 설거지용 세제는 좀 다르다. 안타깝게도 집에서 만든 설거지용 세제는 파는 제품들만큼 세정력이 강하지 않다. 그러니 인정할 부분은 하고, 설거지 일상을 긍정적으로 바꿀 수 있는 다른 노력을 하면 된다. 친환경 제품 사기, 대량 구매하기, 리필 매장 찾기 등 방법은 많다.

지금부터는 내가 실험해 본 세제 제조법을 소개한다. 나는 집에서 매주 이 세제들을 사용하고 있다.

다용도 부엌용 스프레이

캐스틸 비누는 천연 항균 및 곰팡이 방지 효과가 있어 부엌 청소에 딱이다. 이 다목적 스프레이는 뚝딱 만들어 레인지 상판(스토브 탑), 조리대, 가전제품 및 개수대를 청소할 때 사용할 수 있다. 또한 캐스틸 비누는 알칼리성이라 연석이 부식되지 않아, 돌이나 대리석 표면에 사용해도 안전하다. 무향으로 쓰거나 에센셜 오일을 첨가해 자연스러운 향이 나게 만들어보자. 나는 티트리 에센셜 오일과 레몬 에센셜 오일의 조합을 좋아한다. 부엌에 상쾌하고 신선한 향을 남기고 항균력도 더해주기 때문이다(64쪽 참고).

캐스틸 비누는 센물 속의 미네랄과 반응하면 비누가 자연 분해되면서 광택 나는 표면에 흰 잔여물을 남긴다. 표면이 손상을 입지는 않지만 잔여물을 제거하기 위해 표면을 여러 번 닦아내야 할 수도 있다. 센물이 공급되는 지역에 산다면 수돗물 대신에 연수나 증류수를 사용해 분해 반응이 일어나지 않게 할 수 있다.

부엌용 스프레이 만드는 법

1병 분량 만들기

준비물:

- 1ℓ 스프레이 병(36쪽 참고. 가지고 있는 병에 맞춰 재료의 양 조절 가능)
- 수돗물, 만약 수돗물이 센물이라면 연수 혹은 증류수
- 유기농 액체 캐스틸 비누 50㎖(3큰술)
- 에센셜 오일(선택)

1. 스프레이 병에 윗부분 약 5㎝ 정도를 남기고 물 채우기
2. 유기농 액체 캐스틸 비누 붓기(항상 물 다음 비누 순서로! 반대로 넣으면 거품이 일어난다.)

사용법

닦을 곳에 마음껏 뿌리고 깨끗한 천으로 닦아낸다.

비누를 물로 희석하면 결과적으로 비누에 포함된 방부제도 희석되기 때문에 스프레이는 캐스틸 비누 원액보다 소비기한이 짧다. 1ℓ 스프레이는 만든 후 2~3주 내에 사용하자. 좋지 않은 냄새가 나기 시작하면 상한 것이다. 하지만 나는 보통 그 전에 한 병을 다 쓴다.

연마용 가루
레몬과 백리향

가장 친환경적인 세제를 고르라면 직접 재배한 허브로 만든 세제를 꼽고 싶다. 레몬 제스트와 이 연마용 가루로 개수대를 닦으면 깨끗하게 살균될 뿐만 아니라 좋은 향도 난다. 이 가루는 스테인리스 스틸이나 세라믹 소재의 개수대에 알맞다.

레인지 상판과 같은 각종 표면을 닦는 데도 이 가루를 쓸 수 있다. 단, 재료 중 하나인 베이킹소다는 약한 표면에 상처를 낼 수 있으므로 항상 소량으로 먼저 테스트한다.

표면의 특성에 따라 이 가루로 닦았을 때 하얀 막이 생길 수도 있는데, 물에 희석한 증류 백식초를 살짝 뿌리고 닦아내면 지워진다.

레몬과 백리향의 대체 조합:

- 모든 감귤류 껍질(레몬, 라임)
- 모든 말린 허브(라벤더, 백리향, 로즈메리)
- 오렌지 껍질, 말린 로즈메리 및 로즈메리 에센셜 오일
- 말린 민트 잎 + 레몬 에센셜 오일
- 간 계피나 육두구를 1작은술 첨가

연마용 가루 만드는 법

▌작은 1병 분량 만들기

준비물:

- 오목한 그릇
- 숟가락
- 금속 뚜껑이 있는 유리병
  (잼이나 땅콩버터 병)
- 가위
- 깔때기
- 베이킹소다 200g(1컵)
- 레몬 가루*
- 백리향 가루*
- 레몬 에센셜 오일(선택)

1. 그릇에 베이킹소다와 레몬 가루, 백리향 가루를 넣고 섞기
2. 좀 더 강한 향을 원한다면 레몬 에센셜 오일을 몇 방울 떨어뜨리고 다시 섞어주기
3. 유리병에 옮겨 담기
4. 가위로 금속 뚜껑에 작은 구멍을 몇 개 뚫고 병 뚜껑 닫기
5. 병에 스티커를 붙이거나 유리 펜으로 이름 쓰기

* 레몬이나 백리향 가루는 정해진 양이 없다. 각자 원하는 만큼 허브나 감귤류 껍질 가루를 넣으면 된다(허브와 감귤류 과일 껍질로 가루를 만드는 방법은 66쪽 참고).

▌사용법

가루를 개수대에 뿌리고 스펀지나 천으로 문지른 다음 잘 헹군다.

막힌 배수구 청소

개수대는 음식이나 세제 찌꺼기, 기름기, 지방 때문에 자주 막힌다. 하지만 부식성 화학물질이 함유된 산업용 세정제보다는 끓는 물과 베이킹소다가 훨씬 쉽고 친환경적인 해결책이다.

나는 상쾌하고 깔끔한 향을 내기 위해 이 세정제를 만들 때 허브와 감귤류 가루(66쪽 참고)를 베이킹소다에 첨가하지만 취향에 따라 에센셜 오일을 몇 방울 넣거나 무향으로 사용할 수도 있다.

배관 청소용품이나 배수구 청소용 솔이 있는 경우, 먼저 이 도구를 사용해 끼인 이물질을 제거한다. 만약 부엌 개수대나 욕실 세면대에 물이 천천히 빠지는 문제가 자주 발생한다면 나무로 된 개수대용 솔을 한 세트 사두자. 막힌 배수구를 뚫는 데는 보통 배수 구멍용 솔과 넘침 방지 구멍용 솔, 그리고 머리카락 거름 솔로 이루어진 한 세트가 필요하다.

개수대도 그렇지만 욕실 세면대와 욕조도 배수구가 막혀 골치 아픈 경우가 많다. 욕실이 막히는 상황은 대부분 머리카락이 원인이고, 비누 찌꺼기 때문일 수도 있다. 막힌 배수구를 개수대와 같은 방법으로 뚫기 전에 우선 머리카락을 제거하도록 한다.

배수구 청소 세제 만드는 법

작은 1병 분량 만들기

준비물:

- 믹싱볼
- 숟가락
- 끓는 물
- 베이킹소다 90g(반 컵)
- 허브 및 감귤류 가루(66쪽 참고)

1. 믹싱볼에 베이킹소다 넣기. 허브와 감귤류 가루도 넣고 저어서 섞기
2. 주전자나 팬에 물 끓이기

사용법

먼저 배수구에 걸린 이물질을 제거한다. 끓는 물을 배수구에 붓는다. 물 붓기를 두 번 더 반복한다. 감귤류 가루를 섞은 베이킹소다를 배수구에 붓고 30분 동안 놓아둔다. 그 후 끓는 물로 씻어낸다.

배수구가 막히지 않도록 평소에 다음과 같은 예방 조치를 취하자.

부엌: 기름이나 지방 또는 기름진 물질을 하수구에 버리지 않는다. 일주일에 한 번, 베이킹소다를 적당량 배수 구멍에 붓고 하룻밤 동안 놔둔다. 아침에 일어나 끓는 물로 씻는다.

욕실: 욕실 바닥이나 욕조를 청소할 때, 머리카락을 배수구로 흘려보내지 말고 헝겊으로 닦아낸다. 거름망 등을 끼워 머리카락이 배수구로 들어가지 않도록 한다.

설거지용 세제
바질과 자몽, 페퍼민트

집에서 제대로 만들기 가장 까다로운 것이 설거지 세제다. 온라인에 있는 수천 가지 방법 중 많은 사람들이 마음에 쏙 들었다고 해서 따라 만들어봤지만 정작 효과는 전혀 없어 낭패를 보기도 한다.

결국은 내 마음에 드는 방법을 찾을 때까지 계속 시도하는 수밖에 없다. 소프넛 농축액(82쪽 참고)을 우선 만들어보자. 생각보다 효과가 없는 듯하다면 눈으로 바로 확인할 수 있는 손 설거지를 할 때만 사용하면 된다. 직접 만든

설거지 세제를 맨 처음 사용하면 아마 거품이 없어서 실망할 것이다. 시판 세제의 풍부한 거품은 발포제 때문이다. 하지만 이 거품에는 세정 효과가 없고 실제로 오염을 닦는 일에는 세제 자체만이 작용한다.

센물이 나오는 지역에 산다면 세제를 만들 때 사용하는 캐스틸 비누가 유리나 도자기에 하얀 막을 남길 수도 있다. 이 경우, 모든 그릇을 깨끗한 물에 헹궈야 하기 때문에 물을 더 많이 사용하게 된다는 점도 생각해야 한다.

참고

손 설거지를 할 때는 설거지통에 물을 반만 채우기! 남은 물은 화분에 물을 줄 때 사용해도 돼요. 물에 기름기가 남았다면 어린 식물보다는 다 자란 관목이나 나무의 뿌리에 부어주세요. 남은 헹굼물은 과일이나 채소에 물을 줄 때 쓸 수도 있지만 먹는 부분에는 닿지 않아야 합니다. 물을 식힌 후 물뿌리개에 넣고 24시간 이내에 사용하세요.

설거지용 세제 만드는 법

▎*1병 분량 만들기*

준비물:

- 내열 믹싱볼
- 숟가락
- 펌프가 달린 유리병
- 깔때기
- 끓는 물 300㎖(1과 1/4컵)
- 결정소다(세탁소다) 1큰술
- 액체 캐스틸 비누 100㎖(반 컵)
- 글리세린 1~2작은술
- 바질 에센셜 오일 2방울
- 자몽 에센셜 오일 4방울
- 페퍼민트 에센셜 오일 4방울

1. 믹싱볼에 끓는 물을 부은 후, 결정소다를 넣고 녹을 때까지 젓기
2. 액체 캐스틸 비누를 붓고 저어서 섞기
3. 글리세린을 넣고 저은 후 에센셜 오일을 넣고 섞기
4. 깔때기를 준비한 병의 상단에 끼우고 **3**의 액체를 병 안에 붓기
5. 병 입구에 펌프를 돌려 끼우고 이름표 붙이기

▎사용법

개수대 안에 물을 채우고 설거지용 세제 2큰술을 넣는다. 평소처럼 손으로 설거지를 한다.

이 세제는 식으면서 뻑뻑한 젤처럼 변한다. 너무 뻑뻑해진다 싶으면 뜨거운 물을 조금 넣고 잘 섞어준다.

소프넛 농축액
손 설거지와 식기세척기용

소프넛 농축액은 설거지 세제의 대체재이다. 앞서 56쪽에 소프넛에 대한 모든 정보와 소프넛이 친환경 청소에 유용한 이유를 소개했다.

소프넛을 뜨거운 물에 넣으면 마른 껍질에 들어있는 천연 사포닌이 나와 세제의 효과가 한층 더 좋아진다. 따라서 소프넛은 설거지통이나 식기세척기에 넣는 것보다 끓여서 농축액으로 만들어 사용하는 쪽이 효과적이다.

나는 농축액에 레몬과 페퍼민트 에센셜 오일을 몇 방울 떨어뜨려 가볍게 향을 내는 편이지만 이는 선택 사항이다.

> **참고**
>
> 소프넛 농축액은 세탁 세제로도 좋아요.

손 설거지와 식기세척기용 세제 만드는 법

▌*1병 분량 만들기*

준비물:

- 대형 냄비
- 소프넛 100g
- 레몬 에센셜 오일 4방울(선택)
- 깔때기
- 물
- 페퍼민트 에센셜 오일 4방울(선택)
- 대형 플라스틱병(다 먹은 주스나 우유, 탄산음료 병)

1. 큰 냄비에 소프넛 넣은 다음 물 2ℓ 붓고 끓이기
2. 30분간 끓이며 가끔씩 숟가락 뒷부분으로 소프넛을 눌러 짜서 비누 성분이 나오게 한 다음 불 끄고 하룻밤 식히기
3. 깔때기를 병에 꽂고 그 위에 체를 얹어 소프넛 액체 거르기(사용한 소프넛 반죽은 퇴비로 쓴다.)
4. 원하는 경우 에센셜 오일 첨가
5. 병에 이름표 붙이기

▌*사용법*

뜨거운 물에 2큰술을 넣고 평소처럼 설거지한다.

식기세척기에 사용하는 법: 세척기의 세제통에 농축액을 붓는다. 평소처럼 세척기를 돌린다.

소프넛 농축액은 손으로 설거지를 할 때나 식기세척기를 돌릴 때 모두 사용할 수 있다. 소프넛은 쉽게 상하므로 냉장 보관하고 2주 안에 사용하자.

스테인리스 스틸 세정제

누구나 집에 가지고 있을 두 가지 재료인 올리브오일과 식초만 있으면 스테인리스 스틸 가전제품을 청소하는 가장 간단하고 효과적인 세제를 만들 수 있다. 이 세제는 때는 물론 지문까지 말끔히 지워서 스테인리스 스틸을 마치 거울처럼 반짝이게 만들어준다!

재료에 포함되는 증류 백식초는 어디든 닦고 소독하는 데 쓸 수 있다. 하지만 산성이기 때문에 시간이 지나면 금속과 반응할 수 있으니 사용 후에는 꼼꼼하게 흔적을 제거하자. 젖은 천으로 빨리 닦아내면 이러한 현상을 방지할 수 있다.

116쪽에 소개할 유향 식초 스프레이 가운데 하나를 이미 만들어 가지고 있다면, 이제부터 배워볼 스테인리스 세제를 만드는 법에서 식초와 물을 대신해 사용할 수 있다.

스테인리스 스틸 세정제 만드는 법

1회 분량 만들기

준비물:

- 스프레이 병
- 깔때기
- 증류 백식초 1병(44쪽 참고)
- 물
- 깨끗한 마른 천 또는 걸레 3장
- 핸드타월 또는 행주
- 올리브오일

1. 식초와 물은 1:2의 비율로, 깔때기를 이용해 병에 식초를 먼저 붓고 그 위에 차가운 수돗물이나 증류수 붓기
2. 스프레이 뚜껑 끼우고 이름표 붙이기

사용법

스테인리스 스틸 표면에 마음껏 뿌린다. 표면에 난 결의 방향을 자세히 살펴보고 깨끗한 마른 천으로 결의 방향을 따라 닦는 게 좋다.

먼지나 지문이 사라지면 깨끗한 젖은 천으로 표면을 다시 닦아 산의 흔적을 완전히 지운다. 그러고 나서 물 얼룩을 방지하기 위해 마른 핸드타월이나 행주로 물기를 닦아준다.

마지막으로 깨끗한 마른 천에 올리브오일을 약간 묻혀 다시 결의 방향을 따라 표면을 문질러 마무리한다.

레인지용 세제

부엌 조리대와 가전제품 위를 닦을 때 나는 늘 다목적 캐스틸 비누(48쪽 참고)를 사용한다. 먼지를 깨끗하게 닦아주기 때문이다.

하지만 전기나 가스레인지 위에는 음식 얼룩이나 기름때가 잘 생기고 잘 지워지지 않는 것도 많아, 여기에는 베이킹소다와 액체 캐스틸 비누를 섞어 만든 레인지용 세제를 사용한다. 그러면 먼지와 기름기가 싹 지워져 레인지가 반짝반짝 빛이 난다.

이 세제는 스테인리스 스틸, 에나멜 및 유리 소재의 레인지에 알맞다.

눌어붙은 찌꺼기, 끈적끈적한 얼룩이나 새카만 그을음을 제거할 때는 전용 스크레이퍼로 긁어내자. 모든 유형의 레인지에 사용할 수 있고, 섬세한 표면에도 상처를 내지 않는 금속이니 안심해도 좋다. 또한 레인지용 스크레이퍼는 오븐 도어의 내부 유리나 타일, 오염 방지 가림판을 청소하는 데에도 편리하다. 생활용품점이나 온라인에서 쉽게 살 수 있다.

레인지용 세제 만드는 법

▌*1회 분량 만들기*

준비물:

- 믹싱볼
- 재사용 가능한 스펀지
- 베이킹소다 60g(1/3컵)
- 숟가락
- 천 2장
- 액체 캐스틸 비누 60㎖(4큰술)

1. 믹싱볼에 베이킹소다 넣기
2. 액체 캐스틸 비누를 붓고 베이킹소다와 질척하게 반죽이 될 때까지 저어서 섞기(너무 뻑뻑하면 액체 캐스틸 비누를 조금씩 더 넣는다.)

▌*사용법*

재사용 가능한 스펀지를 세제 반죽에 담근다. 스펀지를 레인지 위에 둥글게 문지른다. 표면 전체가 세제 반죽으로 덮일 때까지 여러 번 반복한다.

표면 전체를 덮은 후에는 깨끗한 천을 물에 적셔 반죽을 닦아낸다. 천을 여러 번 헹구고 짜내면서 반죽을 말끔하게 닦는다. 마지막으로 마른 천으로 물기를 닦아준다.

오븐 세정제

시중에 판매하는 오븐 세정제의 주요 성분인 수산화나트륨에는 부식성과 독성이 있다. 포장에 적힌 경고문을 보면 피부 화상, 눈 손상 및 호흡 곤란 등 제품이 우리의 건강을 크게 위협할 수 있다는 걸 깨닫고 깜짝 놀라게 된다.

오븐 청소는 정말 번거롭고 손이 많이 가지만 몇 가지 천연 재료를 사용해 세정제를 만들면 위생적이면서도 안전하게 해낼 수 있다.

우리가 만들어볼 세정제는 스테인리스 스틸 및 에나멜 소재의 오븐에 적합하다.

▌오븐을 사용하는 꿀팁이 있다.

오븐 바닥에 알루미늄 포일 한 장을 깔아둔다(제품을 생산할 때 일반 포일보다 에너지가 덜 소모되는 재생 포일을 쓰자). 포일이 지저분해지면 꺼내서 찬물에 씻어 건조한 다음 분리수거통에 넣자.❖

또는 오븐을 사용한 뒤에 내열 용기에 물을 담아 오븐 안에 넣는다. 온도를 가장 뜨겁게 올려 10분 동안 돌리면 물이 수증기로 변하면서 오븐 벽과 바닥을 청소해 준다. 열기가 식을 때까지 기다린 후 깨끗하고 마른 천으로 안을 전부 닦아낸다. 물그릇에 신선한 레몬을 한두 조각 추가하면 강한 냄새도 모두 사라진다.

❖ 국내에서는 재활용 분리수거가 불가하다.

오븐 세정제 만드는 법

▌ *1회 분량 만들기*

준비물:

- 유리 믹싱볼
- 천 2장
- 물 60㎖(1/4컵)
- 숟가락
- 베이킹소다 60g(1/3컵)
- 식초 스프레이(116쪽 참고)
- 재사용 가능한 스펀지 2개

1. 오븐 안에서 철제 그릴선반 또는 받침, 온도계 꺼내기. 철제 그릴선반은 따뜻한 비눗물에 닦은 후 공기 중에서 말리기
2. 유리 믹싱볼에 베이킹소다 넣고 물을 부으며 저어서 반죽 만들기

▌ *사용법*

오븐 안쪽 벽: 세정제 반죽을 스펀지에 묻힌 뒤 오븐 안쪽 벽에 문지른다(발열체는 건드리지 않도록 주의한다). 하룻밤 그대로 두고 다음 날 아침에 젖은 천으로 반죽을 닦아낸다. 천을 여러 번 헹궈가며 반죽을 완전히 제거한다. 끝으로 오븐의 안쪽 벽에 식초 스프레이를 뿌린 다음 젖은 천으로 닦아낸다.

유리문: 스펀지에 반죽을 약간 바르고 문에 둥글게 문지른 다음, 30분 동안 기다렸다가 깨끗한 젖은 천으로 반죽을 닦아낸다. 마찬가지로 식초 스프레이를 뿌리고 젖은 천으로 닦는다. 마를 때까지 오븐의 문을 열어두자.

불에 탄 음식 찌꺼기 처리

냄비, 구이용 접시 또는 프라이팬에서 불에 탄 음식 찌꺼기를 닦아내기란 여간 짜증나는 일이 아니다. 하지만 베이킹소다의 마법 같은 세척력을 활용하면 기름때나 들러붙은 음식 찌꺼기를 박박 문지를 필요 없이 손쉽게 제거할 수 있다.

에나멜 접시에 남은 얼룩 지우기

접시에 베이킹소다를 1큰술 뿌린다. 가루 위에 액체 캐스틸 비누를 조금 붓고 소금 1작은술을 넣은 뒤 숟가락으로 섞는다. 젖은 천으로 얼룩 부분에 얹은 반죽을 문지른다. 10분간 두었다가 수세미로 힘주어 문지른다.

구이용 접시를 닦을 때

▌*1회 분량 만들기*

준비물:

- 주걱
- 베이킹소다 90g(반 컵)
- 뜨거운 물 250㎖(1컵)

1. 구이용 접시에 베이킹소다 뿌리고 그 위에 뜨거운 물을 부은 다음 한 시간 두기
2. 주걱으로 접시에 눌어붙은 찌꺼기 긁어내기
3. 뜨거운 비눗물로 접시를 씻고 헹구기

스테인리스 스틸이나 에나멜 냄비를 닦을 때

▌ *1회 분량 만들기*

준비물:

- 믹싱볼
- 숟가락
- 재사용 가능한 스펀지 또는 구리 수세미
- 베이킹소다 50g(1/4컵)
- 뜨거운 물 125㎖(반 컵)

1. 믹싱볼에 베이킹소다 넣고 뜨거운 물을 부으며 저어 반죽 만들기(농도는 물로 조절)
2. 탄 부분에 스펀지나 구리 수세미로 반죽을 부드럽게 문지르기(반죽을 다 쓸 때까지 반복)
3. 평소와 같이 닦고 헹구기

코팅된 프라이팬을 닦을 때

▌ *1회 분량 만들기*

준비물:

- 믹싱볼
- 숟가락
- 베이킹소다 50g(1/4컵)
- 뜨거운 물 125㎖(반 컵)

1. 믹싱볼에 베이킹소다 넣고 뜨거운 물을 부으며 저어 반죽 만들기(농도는 물로 조절)
2. 프라이팬 바닥에 반죽을 숟가락으로 떠 놓고 30분 동안 그대로 두기
3. 평소와 같이 닦고 헹구기

전자레인지 청소

딱 두 가지 재료, 물과 신선한 레몬즙만 있으면 가장 쉽고 효과적으로 전자레인지를 청소할 수 있다. 수증기가 음식물 찌꺼기와 기름때를 불리고 레몬이 냄새와 세균을 제거한다.

이 세제는 신선한 레몬을 잘라 짜서 사용한다. 아니면 레몬즙을 2~3큰술 넣어도 된다. 냉동 레몬즙(사용하기 전에 해동한다)을 사용하거나 66쪽에 소개한 감귤류 껍질 가루를 만들고 남은 즙을 쓸 수도 있다.

전자레인지용 세제 만드는 법

1회 분량 만들기

준비물:

- 전자레인지용 유리그릇
- 칼
- 레몬 1개
- 면이나 깨끗한 행주
- 물 250㎖(1컵)

1. 그릇에 물 담기
2. 레몬을 반으로 잘라 즙을 짜서 물에 넣고, 즙을 짜내고 남은 레몬 조각 도 물에 넣기(집에 레몬즙이 있으면, 레몬 대신 사용)

사용법

전자레인지에 남은 이물질이나 부스러기를 먼저 제거한 다음 물, 레몬즙, 레몬 조각이 들어있는 그릇을 전자레인지에 넣고 3분 동안 고출력으로 돌려서 물을 팔팔 끓인다. 그대로 전자레인지 안에 5분 동안 두었다가 그릇을 꺼낸다(아직 뜨거울 수 있으니 주의하자).

턴테이블을 분리해 젖은 행주나 면 헝겊으로 닦고, 전자레인지 안쪽은 천장부터 시작해서 바닥까지 닦아낸 다음 문 안쪽을 닦는다. 턴테이블을 다시 올려놓는다. 전자레인지가 엄청 지저분하다면 그릇에 담긴 레몬 물을 그대로 사용해 두세 번 반복해서 닦는다. 힘주어 닦아야 하는 까다로운 얼룩이 있으면 행주나 헝겊을 레몬 물에 푹 담갔다가 쓰면 좋다.

5.
실전! 빨래하기

"모든 것에는 정해진 자리가 있으니,
제자리에 있어야 마땅하다."

_비턴 부인Mrs Beeton

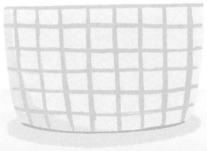

세탁

가장 환경에 친화적인 세탁법은 바로 세탁 횟수를 줄이는 것이다. 옷은 여러 번 입고 빨아도 크게 문제될 게 없다. 세탁물이 가득 찰 때까지 기다렸다가 물 온도를 30℃로 맞춰 세탁기를 돌리면 에너지를 가장 효율적으로 사용할 수 있다. 또한 세탁기를 정기적으로 유지 관리하면 악취를 비롯, 석회질이 쌓이거나 곰팡이가 생기는 현상도 예방할 수 있다.

천연 세탁 세제로 바꾸는 것도 환경에 긍정적이다. 온라인에는 세제를 만드는 방법이 정말 많은데, 나는 세 가지 핵심 원료인 마르세유 비누, 결정소다(세탁소다), 베이킹소다만을 사용해 간단하게 세제를 만든다. 이 세 가지 원료를 합치면 옷감이 깨끗하고 부드러워지며 까다로운 얼룩도 잘 지워진다. 여기에 에센셜 오일을 몇 방울 더해서 은은한 향을 첨가해도 좋다. 섬유유연제 대신 증류 백식초를 써도 옷감을 부드럽게 할 수 있다(104쪽 참고).

집집마다 플리스나 아크릴 같은 합성섬유로 만든 옷이나 잠옷이 있을 것이다. 그런 옷에서는 세탁할 때마다 아주 작은 미세 섬유가 빠져나온다. 이 미세한 섬유는 강이나 바다로 흘러가 먹이사슬을 타고 수중생태계를 위협한다. 초미세 합성섬유용 세탁볼이나 세탁망이 있으니 합성섬유 소재의 옷을 빨 때 사용하자. 빠른 속도로 세탁조를 회전시키면 미세 섬유가 더 많이 떨어져 나오니 탈수 횟수를 줄이는 것도 도움이 된다.

세탁기 청소

더 깨끗하고 효율적으로 빨래를 하려면 세탁기를 잘 관리하는 것이 먼저다.

세탁기에 세균이나 곰팡이, 세제 찌꺼기가 쌓이면 옷감에 달라붙을 수 있고 빨래에서 불쾌한 냄새가 나기도 한다.

상업용 세제와 섬유유연제를 사용하던 때에는 가끔씩 빨래에 까맣고 끈적이는 찌꺼기가 묻어나곤 했다. 이 찌꺼기는 세제를 넣는 통에, 세탁기 문에 달린 고무 틈에도 숨어 있었다. 세탁조 안쪽에서 냄새가 날 때도 있었고 이 냄새는 빨래에도 뱄다. 이 문제를 해결하겠다고 나는 비싼 데다가 독한 화학물질이 가득한 초강력 세척제를 사서 썼다. 하지만 직접 만든 세제와 유연제로 바꾸고 나자 내 세탁기는 한눈에 알아볼 수 있을 정도로 달라졌다. 찌꺼기는 자취를 감췄고 세제통에 끼던 이물질도 사라졌다. 빨래는 깨끗하고 상쾌한 향기를 풍긴다. 이제부터 소개할 세탁기 청소 방법도 병행한 이후로 내 세탁기는 아주 깨끗하고 잘 돌아간다.

세탁조 내부: 월 1회

빈 세탁기에 물 온도를 가장 뜨겁게 설정한 뒤 증류 백식초 500㎖(2컵)를 세탁조에 넣고 돌린다.

> **참고**
>
> 상업용 세제를 쓰다가 직접 만든 세제로 바꾸는 경우, 먼저 세탁기에 식초를 넣고 여러 번 돌려서 오물이나 세균을 완전히 제거하세요!

필터 청소: 월 1회

필터를 제거해서(세탁기에 남아있던 물이 배출되지 않게 주의하자. 필터 앞에 수건을 깔아놓고 분리한다.) 끼어 있던 이물질을 모두 제거한다. 깨끗한 천으로 닦아내고 정기적으로 필터를 교체한다.

세제통: 월 1회

세면대에 뜨거운 물을 채우고 액체 캐스틸 비누(48쪽 참고)를 조금 넣는다. 여기에 빼낸 세제통을 10분간 담근다. 낡은 칫솔로 더러운 잔여물을 닦아낸 후 잘 헹구고 공기 중에 건조한다.

세제통 안쪽: 월 1회

세제통을 빼낸 세탁기 안쪽에도 남은 찌꺼기가 있다. 캐스틸 비누 스프레이(74쪽 참고)를 약간 뿌리고 낡은 칫솔로 닦아내자. 젖은 천으로 닦은 후 내부를 건조한 다음 세제통을 다시 넣는다.

유리문 안쪽과 고무 패킹: 주 1회

식초 스프레이(116쪽 참고)를 듬뿍 뿌리고 젖은 천으로 잔여물을 닦아낸다.

문 열고 건조: 사용 후 항상

세탁조에 공기가 순환되도록 문을 조금 열어둔다.

참고

세탁 후에는 항상 세탁기 문과 세제통을 열어 곰팡이를 방지할 것! 빨래가 끝난 세탁조 내부는 따뜻하고 습해서 곰팡이가 번식하기 쉬우니 빨래를 너무 오래 남겨두지 마세요. 바로 꺼내 공기 중에 건조합시다.

액체 세탁 세제
장미와 제라늄, 라벤더

가루보다 액체 세제를 선호한다면 이 세제를 시도해 봐도 좋겠다. 단, 시판 세제보다 훨씬 묽은 느낌이 들 것이다. 그렇다고 꺼려할 필요는 전혀 없다. 천연 제조법이 화학적인 제조법보다 더 섬세하며, 다만 농도 차이가 있을 뿐, 얼룩이나 오염은 깨끗이 잘 지운다.

다음에 소개하는 방법대로 세제를 만들면 10~12회가량 세탁할 수 있는 분량이 나온다.

각 성분이 분리될 수 있기 때문에 매번 사용 전에 세제가 담긴 병을 빠르게 흔들어준다. 흔들지 않으면 세탁 효과가 떨어지고 병 바닥에 덩어리가 남는다.

참고

직접 만든 세탁 세제가 마음에 쏙 들지 않을 수 있어요. 그렇다면 소프넛(56쪽 참고)을 사용해 봅시다. 소프넛은 세척력도 좋고 제로웨이스트를 실천하기에도 딱이에요. 세탁 세제만큼은 상업용을 계속 사용하고 싶다면, 다른 부분을 바꿔보세요. 종이상자에 담긴 세제나 대용량 세제를 사는 거죠. 리필 매장을 이용하는 것도 좋은 방법!

액체 세제 만드는 법

▌ 1병 분량 만들기

준비물:

- 냄비
- 내열 강화유리 믹싱볼
- 숟가락
- 깔때기
- 밀폐 용기
- 끓는 물 1ℓ

- 갈아놓은 마르세유 비누(또는 마르세유 비누 조각) 50g
- 베이킹소다 50g
- 글리세린 20g

- 장미 에센셜 오일과 제라늄 에센셜 오일 각 4방울
- 라벤더 에센셜 오일 6방울

1. 유리 믹싱볼에 끓는 물 붓기
2. 갈아 놓은 마르세유 비누나 비누 조각 넣고, 비누가 물에 완전히 녹는지 확인하면서 섞기
3. 베이킹소다와 글리세린 넣고 섞은 다음 에센셜 오일을 넣고 저어주기
4. 깔때기를 병에 끼우고 식은 액체를 부어 밀봉한 다음 이름표 붙이기

▌ 사용법

사용하던 세제 계량컵이 있다면 필요한 양을 측정해서 세탁기에 넣는다. 더러운 빨래에는 계량컵을 꽉 채우고 일반 빨래에는 반만 채운다. 아니면 세제통에 직접 세제를 3~4큰술 넣고 빨래를 돌리면 된다.

가루 세제
카모마일과 라벤더, 오렌지

나는 올리브오일로 만든 마르세유 비누를 사용해 이 가루 세제를 만든다. 옷감에 손상을 주지 않으면서 먼지와 얼룩을 모두 제거하는 이 멋진 비누에 대한 정보는 50쪽에 있다. 다음에 소개한 방법으로는 유리병 750㎖ 분량의 가루 세제를 만들 수 있는데, 빨래한 번에 1큰술을 사용할 경우 마흔 번이 조금 못 되게 쓸 수 있다. 더 큰 저장 용기가 있다면 크기에 비례해 재료의 양을 늘리자.

중요한 사항

마르세유 비누는 최대한 곱게 갈아야 한다. 그렇지 않으면 비누가 제대로 녹지 않아 세탁조나 빨래에 덩어리가 남을 수 있다. 비누를 갈기 귀찮으면 마르세유 비누 조각을 같은 양 사용해도 된다.

이 세제는 거의 모든 옷감을 빠는 데 쓸 수 있다. 하지만 아이 옷이나 섬세한 소재 또는 모직물을 세탁할 때는 소량만 넣어 세탁하자.

> **참고**
> 빨래는 야외에서 햇볕에 말리는 게 최고! 옷감에 손상도 덜하고 전기세와 에너지도 절약됩니다.

가루 세제 만드는 법

▌작은 1병 분량 만들기

준비물:

- 유리 믹싱볼
- 숟가락
- 강판
- 깔때기
- 뚜껑 달린 유리병
- 결정소다(세탁소다) 250g

- 베이킹소다 250g
- 올리브오일로 만든 마르세유 비누(또는 마르세유 비누 조각) 250g
- 로만 카모마일 에센셜 오일 10방울
- 라벤더 에센셜 오일 10방울
- 오렌지 에센셜 오일 10방울

1. 결정소다와 베이킹소다를 유리 믹싱볼에 넣기
2. 강판에 마르세유 비누를 곱게 갈아 1에 넣기
3. 에센셜 오일을 첨가한 뒤 숟가락으로 잘 섞기
4. 깔때기를 병에 끼우고 3을 옮겨 담은 후 밀봉하고 이름표 붙이기

▌사용법

세탁기의 세제통에 가루 1큰술을 넣는다.

허브 섬유유연제

한때는 나도 섬유유연제 마니아였다. 부들부들한 옷과 수건의 촉감, 은은하게 풍기는 향기가 좋았다. 하지만 유연제를 자주 사용하면 옷감의 흡수력이 떨어지고 세제를 써도 깨끗하게 빨리지 않는다는 걸 아는지? 게다가 섬유유연제는 세탁기에 곰팡이와 세균의 번식을 촉진할 수 있다.

섬유유연제 사용으로 인한 환경 문제도 심각하다. 많은 제품이 석유화학물질, 야자유, 동물성 지방 성분을 함유하고 있다. 이러한 성분 중 일부는 자연에서 분해되지 않아 수중생물에 해를 끼친다.

섬유유연제를 정기적으로 사용한다면, 더 간단하고 저렴한 대안을 써보자. 바로 증류 백식초다. 실제 써보기 전까지만 해도, 나는 빨래에서 시큼한 냄새가 진동을 할까 봐 걱정했다. 하지만 웬 걸! 식초를 사용하면 냄새가 전혀 없고, 옷감이 무척 부드러워진다. 게다가 식초는 기름기가 끼는 것을 방지하기 때문에 세탁을 할 때마다 세탁조도 깨끗해진다. 이제부터 정원에서 기른 신선한 허브가 들어간 천연 섬유유연제를 만드는 방법을 소개할텐데, 로즈메리와 세이지, 백리향은 식초에 색을 더하지 않으니 빨래에 얼룩이 생길 걱정은 안 해도 된다. 허브 대신에 좋아하는 에센셜 오일을 몇 방울 첨가하거나 증류 백식초만을 단독으로 쓸 수도 있다.

수돗물이 센물이라면 제안하는 사용량 50㎖보다 약간 더 많이 넣어야 만족스러운 결과를 낼 것이다.

섬유유연제 만드는 법

▌ *1병 분량 만들기*

준비물:

- 밀봉 가능한 뚜껑이 달린 1ℓ짜리 유리병 2개
- 깔때기
- 체
- 증류 백식초 1ℓ
- 씻어서 말린 신선한 허브 한 움큼(나는 로즈메리, 세이지 그리고 백리향을 사용한다.)

1. 유리병에 허브를 넣고 증류 백식초를 부어 허브가 완전히 잠기도록 하기
2. 병을 밀봉해 어두운 곳에 48시간 두기
3. 깔때기를 보관용 유리병에 끼운 후 체를 깔때기 위에 얹고 허브가 담긴 식초를 걸러 담기
4. 병을 밀봉하고 이름표 붙이기(남은 허브 찌꺼기는 퇴비로 쓸 수 있다.)

▌ *사용법*

세제통의 섬유유연제 칸에 허브를 우려낸 식초 50㎖를 넣고 평소처럼 세탁기를 돌린다.

얼룩 제거제

토마토소스나 잉크, 커피 및 레드 와인 같은 까다로운 얼룩은 전처리가 필요하다. 이때 쓸 얼룩 제거 스프레이를 만들어보자. 한번 얼룩이 들면 지우기 어려우니 가능한 한 빨리 처리한다. 오래된 얼룩이라면 스프레이를 여러 번 사용해 보자.

얼룩 제거제 만드는 법

▎*1병 분량 만들기*

준비물:

- 500㎖ 스프레이 병(36쪽 참고, 가지고 있는 병에 맞게 재료의 양을 조절)
- 수돗물 350㎖(1과 1/2컵)
- 설거지용 세제(시판 세제 혹은 80쪽의 직접 만든 세제) 60㎖(1/4컵)
- 글리세린 60㎖(1/4컵)

1. 병에 설거지용 세제와 글리세린 넣기
2. 물을 가득 채우고 부드럽게 흔들어 섞기

▎*사용법*

얼룩 위에 스프레이를 마음껏 분사한다.
1시간 동안 두었다가 평소처럼 세탁한다.

러그나 카펫의 기름기 얼룩 제거하기

러그나 카펫의 기름기는 즉시 닦아내지 않으면 영원히 얼룩이 남는다. 먼저 깨끗한 헝겊이나 행주로 얼룩을 빨아들이듯 닦아내되 문질러서 번지지 않도록 한다. 자국을 베이킹소다로 덮고 밤새 둔 뒤 다음 날 아침에 베이킹소다를 진공청소기로 빨아들인다. 여기서 끝이 아니다. 섬유 올올이 남은 기름기는, 자국에 설거지용 세제를 약간 바른 다음 젖은 천으로 가볍게 두드려가며 흡수한다. 깨끗한 행주로 얼룩을 한 번 더 닦아내고 전날보다 베이킹소다를 더 듬뿍 뿌린다. 밤새 두었다가 아침에 다시 진공청소기로 빨아들인다.

옷의 땀 얼룩을 제거하는 법

▌ *1회 분량 만들기*

준비물:

- 유리 믹싱볼
- 숟가락
- 베이킹소다 4큰술
- 따뜻한 물

1. 그릇에 베이킹소다 넣기
2. 반죽 같은 농도가 될 때까지 따뜻한 물을 조금씩 부어가며 젓기

▌ *사용법*

반죽을 숟가락으로 떠서 얼룩 위에 올린다. 반죽이 충분히 흡수되도록 옷을 문질러준다. 1시간 동안 두었다가 찬물로 헹구고 평소처럼 세탁한다.

6.
실전! 욕실 청소

"가장 보잘것없는 데에서
아름다움을 찾는 힘이 행복한 가정과
훌륭한 삶을 만든다."

_**루이자 메이 올컷**Louisa May Alcott

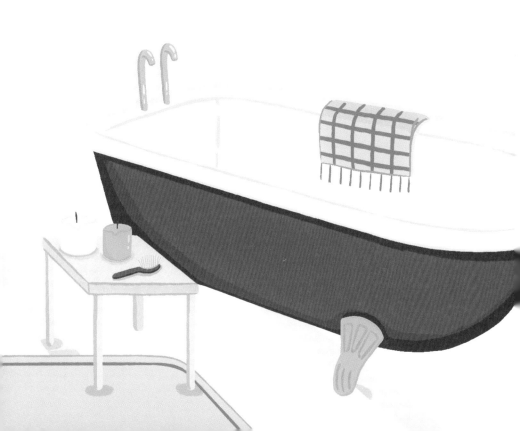

화장실

유해한 세균이 생기지 않도록 가장 부지런히 관리해야 할 곳이 화장실이다. 흔히 표백제가 안전하다고 굳게 믿고 화장실 청소에 많이 쓰는데, 그만큼 효과가 나면서도 친환경적인 방법이 있다. 식초(44쪽 참고)와 구연산(52쪽 참고)은 결합하면 엄청난 살균력과 항균 효과를 발휘하는 환상의 짝꿍이다. 화장실 청소는 역시 변기부터다. 우선 청소하기 전날 밤에 변기 안에 구연산을 약간 뿌려보자. 단단히 굳은 미네랄 침전물과 센물로 생긴 얼룩을 제거하는 마법의 재료다. 다음 날 아침, 변기 물을 내려서 안쪽을 닦고 식초 스프레이로 변기 바깥쪽과 앉는 부분 및 수조를 청소한다(116쪽 참고).

세면대와 욕조, 샤워 공간은 식초 스프레이나 저자극성 오렌지와 로즈메리 스크럽(118쪽 참고)으로 청소하면 청결과 상쾌한 향기 두 마리 토끼를 잡을 수 있다. 다만 식초는 다공성 표면에는 절대 써서는 안 되며 표백제와 함께 사용해도 안 된다는 것을 잊지 말자(25쪽 참고). 화장실의 악취가 고민이라면 변기 세정제(124쪽 참고)를 주변에 뿌려 소독한다. 화장실에 창문이 있을 경우 신선한 공기로 환기한다.

물론 화장실에는 변기와 세면대 외에도 손 가는 곳이 더 있다. 샤워스크린과 샤워커튼에는 흰 곰팡이나 유해한 세균이 생기기 쉽고 타일과 줄눈은 곰팡이에 취약하다. 그렇다고 해도 독한 세제를 사용하기 보다는 120쪽에 소개할 샤워커튼용 세제와 122쪽에 소개할 타일 및 줄눈에 생긴 곰팡이 해결 방법을 고려해 보자.

거품형 핸드워시

세이지와 로즈메리, 라벤더

내가 이제껏 써온 핸드워시의 플라스틱병을 늘어놓으면 끝이 보이지 않을 것이다. 때로는 저렴한 마트의 자체 브랜드 제품을, 또 때로는 예쁜 병에 담긴, 낯선 재료가 들어있다는 더 비싼 브랜드 제품을 사기도 했다. 하지만 가격에 상관없이 빈 병들은 결국 재활용 수거함이나 쓰레기장행이었다.

가장 환경 친화적인 방법은 천연 비누로 손을 씻는 것이다. 다행히 이제는 포장하지 않은 천연 비누를 파는 가게들이 많아진 덕에 쓰레기 걱정이 좀 줄었다. 파는 것이 아니면 114쪽에 소개한 방법으로 비누를 직접 만들어 쓸 수

도 있다. 하지만 고체 비누가 실용적이지 않은 경우도 있다. 만약 집에 어린아이가 있다면 알겠지만, 아이들은 작은 손에 딱딱하고 미끄러운 비누를 쥐는 것이 서툴러 깨끗하고 안전하게 손을 닦지 못할 수 있다. 이럴 때는 오히려 액체 항균 핸드워시를 부엌이나 화장실에 놓아두는 편이 낫다.

나는 좋은 향을 내고 싶어 에센셜 오일을 넣어 쓰지만, 오일 첨가가 필수는 아니다. 만약 집에 아이가 있다면 라벤더 에센셜 오일을 몇 방울만 넣어보자. 라벤더는 보통 순하고 안전하다고 알려져 있기 때문이다.

> **참고**
>
> 혼합물이 분리될 수 있으니 빠르게 흔들어 섞으세요. 오일이 피부에 영양을 공급하여 부드럽고 매끄러운 느낌을 주지만, 반대로 핸드워시를 처음 사용할 때는 기름지다고 느낄 수 있습니다. 취향에 따라 오일을 첨가하는 양을 줄이거나 아예 생략해도 됩니다.

거품형 핸드워시 만드는 법

▌ 1병 분량 만들기

준비물:

- 펌프형 디스펜서(37쪽 참고)가 달린 500㎖ 크기 유리병
- 깔때기
- 유기농 액체 캐스틸 비누 150㎖(2/3컵)
- 유기농 정제 코코넛오일 2큰술
- 글리세린 1큰술
- 끓여서 식힌 물 또는 증류수
- 세이지 에센셜 오일 8~10방울
- 로즈메리 에센셜 오일 8~10방울
- 라벤더 에센셜 오일 8~10방울

1. 병 입구에 깔때기 끼우기
2. 액체 캐스틸 비누, 유기농 정제 코코넛오일, 글리세린 순으로 넣기
3. 병에 끓여서 식힌 물(또는 증류수)을 끝까지 채우고 에센셜 오일을 한 번에 하나씩 넣은 다음 부드럽게 흔들어 섞기
4. 펌프를 꽂고 단단히 고정한 후 병에 이름표 붙이기

레몬과 양귀비 씨 비누

'녹여서 붓는(MP)' 방법으로 비누를 만들면 빠르고 쉽다. 딱히 특별한 장비가 필요하지도 않고 부엌에서 창의성을 발휘하기에 딱이다. 나는 갖고 있는 틀에 맞는 1kg MP비누 덩어리를 전부 사용한다. 각자 사용하고자 하는 틀의 크기에 맞춰 재료의 양을 조절하면 된다.

물을 담을 수 있는 용기는 모두 비누틀이 될 수 있다. 젤리 틀, 머핀 틀, 요거트 병 또는 플라스틱 샌드위치 상자까지 전부 사용 가능하다. 나는 1.2kg의 비누를 담을 수 있는 실리콘 식빵틀을 사용하는데, 비누가 총 12개 나온다.

레몬과 양귀비 씨로 만든 비누는 화장실이나 부엌에서 쓰기에 안성맞춤이다. 레몬은 상쾌함을 더해주고 양귀비 씨는 각질을 제거해서 샤워나 목욕에 아주 좋다. 집에서 만든 비누는 주변에 선물을 하기에도 그만이다. 노끈으로 묶어 포장하고 손 글씨로 재료의 이름을 써서 꼬리표를 붙여보자.

응용하기

나는 말린 라벤더나 장미 꽃잎과 같은 식물 또는 약초 성분을 비누에 첨가하는 것을 좋아한다. 이 재료를 에센셜 오일과 함께 비누에 넣고 부드럽게 젓는다. 아니면 비누 윗부분에 말린 꽃이나 허브를 여러 개 올린다. 비누를 틀에 부은 후 10분 동안 살짝 굳으면 건조된 꽃이나 허브를 표면에 뿌리고 완전히 굳힌다.

고체 비누 만드는 법

▎*12개 분량 만들기*

준비물:

- 바닥이 무거운 소재로
  된 대형 냄비
- 숟가락
- 비누 틀(앞 내용 참고)
- 칼

- 녹여 붓는(MP) 비누
  1kg(68쪽 참고)
- 양귀비 씨 2큰술
- 레몬 에센셜 오일
  20방울

- 왁스칠이 되지 않은 유
  기농 레몬 1개의 껍질을
  갈아서 만든 가루(제스트)

1. 녹여 붓는 비누를 작은 덩어리로 잘라 냄비에 넣기. 냄비를 약불로 가열
   해 비누 녹이기(냄비가 완전히 녹으면 재빨리 향이나 식물성 성분을 첨가해야 한다.)
2. 레몬 제스트, 양귀비 씨, 에센셜 오일을 첨가하고 비누 표면에 막이 생기
   지 않도록 빠르게 젓기
3. 준비된 비누 틀에 천천히 조심해서 부은 후 48시간 동안 실온에서 식히기
4. 틀에서 꺼내 막대 모양으로 자르고 기름이 배지 않는 종이로 싸기

응용 조합①
로즈 제라늄과 라벤더

- 로즈 제라늄 에센셜 오일 20방울
- 라벤더 에센셜 오일 20방울
- 말린 장미 꽃잎 한 꼬집

응용 조합②
라벤더, 페퍼민트와 로즈메리

- 라벤더 에센셜 오일 20방울
- 페퍼민트 에센셜 오일 20방울
- 로즈메리 에센셜 오일 20방울
- 라벤더, 페퍼민트, 로즈메리를 잘게 썰어
  말린 것(줄기는 제거) 한 꼬집

식초 스프레이

식초 스프레이는 74쪽에 소개한 다용도 스프레이 대신 사용할 수 있다. 나는 부엌 청소에 캐스틸 비누 스프레이, 화장실에는 식초 스프레이를 사용한다. 식초는 다공성 표면에 손상을 줄 수 있으므로 주의해야 한다는 점만 기억하자.

식초를 쓸 때 가장 흔한 불만은 바로 냄새다. 물론 톡 쏘는 냄새가 나긴 하지만 다행히 해결법이 있다. 감귤류 과일 조각, 허브를 첨가하거나 에센셜 오일로 향을 더해주기만 하면 된다. 이어서 몇 가지 향 내는 방법을 소개할 텐데, 어떤 재료를 선택하든 오래 넣어두는 만큼 식초 냄새는 더 옅어진다. 나는 보통 3~4주 넣어뒀다가 식초만 따로 걸러내 병에 옮겨 담고, 거른 감귤류나 허브는 퇴비로 만든다.

백리향이나 세이지+민트

화분에서 기른 허브나 파는 것 무엇이든 상관없다. 화분에서 잘라온다면 잎 속에 숨어있을 수 있는 작은 벌레들을 꼭 털어 없앤다. 잘 씻어 공기 중에 건조한 다음 잘라서 유리병에 넣고 식초를 붓는다. 밀봉한 후 향이 배어나게 놓아둔다.

파인(솔)+오렌지

잘라낸 소나무 가지를 잘 흔들어 솔잎 사이에 낀 이물질을 턴다. 잘 씻어 공기 중에 건조한 뒤 솔잎만 떼어내 유리병에 넣는다. 오렌지는 씻어서 얇게 썰어 말렸다가 솔잎이 든 병에 넣는다. 식초를 끝까지 채우고 밀봉한 후 향이 배어나게 놓아둔다.

식초 스프레이 만드는 법

▌ *1병 분량 만들기*

준비물:

- 뚜껑 달린 유리 용기
  (킬너병, 메이슨병, 다 먹은
  잼 병, 커피 병 등)
- 스프레이 병(36쪽 참고)
- 증류 백식초 1병(44쪽
  참고)
- 물 또는 증류수
- 에센셜 오일*(선택)
- 허브(선택)
- 오렌지, 레몬, 라임,
  자몽 등 얇게 자른 감
  귤류 과일(선택)

* 라벤더와 페퍼민트 에센셜 오일을 섞어 사용한다.

1. 레몬 1개 씻어서 얇게 썰어 말리기
2. 유리병에 레몬을 넣고 라벤더와 페퍼민트 에센셜 오일 몇 방울 첨가. 그 위에 식초를 채운 후 밀봉해 향이 배어나도록 놔두기

스프레이 만들기(물과 식초 2:1 비율)
향이 가미된 식초를 거른 후 비율에 맞춰 유리 스프레이 병에 붓는다. 수돗물이나 증류수를 위에 채우고 병에 재료를 적은 이름표를 붙인다.

▌ *사용법*

변기 안, 가장자리, 변기 시트 및 수조에 뿌린 다음 젖은 천으로 깨끗이 닦아낸다. 부엌 조리대, 탁자 위 등에도 다목적으로 사용할 수 있지만 다공성 표면에는 절대 사용해서는 안 된다.

저자극성 스크럽

오렌지와 로즈메리

내가 가장 좋아하는 세제다. 만드는 동안엔 향에 흠뻑 취하고, 사용한 후에는 반짝거리는 개수대와 욕조를 만날 수 있다. 이 스크럽은 비누 찌꺼기를 제거하는 데 매우 효과적이며 플라스틱과 세라믹 욕조에도 안전하다. 부엌 개수대와 배수판에 76쪽에서 만든 연마용 가루보다 더 강한 세제가 필요한 경우에 쓸 수 있다. 그뿐만 아니라 세라믹, 스테인리스 스틸 및 에나멜에 써도 된다.

천연 방부제 역할을 하는 글리세린은 보통 스크럽의 사용 기한을 약 2주로 늘려준다. 단, 글리세린 때문에 내용물이 분리될 수 있으므로 사용 전에 병을 힘차게 흔들거나 숟가락으로 휘저어 내용물을 잘 섞어준다. 스크럽을 만들어서 한 번에 전부 사용할 거라면 글리세린은 꼭 필요하지 않으므로 빼도 상관없다.

저자극성 스크럽 만드는 법

▌*작은 1병 분량 만들기*

준비물:

- 뚜껑이 있는 500g 크기의 유리 용기
- 유리 믹싱볼
- 숟가락
- 깔때기
- 베이킹소다 200g(1컵)
- 바닷소금 한 꼬집
- 유기농 액체 캐스틸 비누*
- 로즈메리 에센셜 오일 6방울
- 오렌지 에센셜 오일 6방울
- 글리세린 1작은술

1. 유리 믹싱볼에 베이킹소다와 소금 넣기
2. 액체 캐스틸 비누를 넣으면서 젓기
3. 에센셜 오일과 글리세린 첨가한 후 저어서 골고루 섞기
4. 깔때기를 유리 용기에 끼우고 **3**을 부은 후 밀봉하고 이름표 붙이기

* 캐스틸 비누의 양은 정해져 있지 않다. 베이킹소다 양의 절반이나 1/3 정도의 비율이지만 묽은 반죽 같은 농도가 될 정도로 충분히 넣는다.

▌*사용법*

닦을 곳 표면에 반죽을 약간 붓는다. 재사용 가능한 스펀지를 살짝 적셔서 반죽을 고루 문지른 후 깨끗한 천으로 잘 닦아낸다. 한 걸음 뒤로 물러나 반짝이는 개수대를 흐뭇하게 감상한다.

샤워커튼 세탁

샤워커튼은 금방 지저분해지고 곰팡이가 생기기 쉽다. 일단 곰팡이가 생기면 지우기가 어려워, 대충 쓸 만큼 쓰다가 버리고 새 커튼을 사게 된다. 결과적으로 더 많은 쓰레기가 생겨나는 꼴이다. 샤워커튼을 좀 더 잘 관리하고 오래 쓸 수 있는 몇 가지 간단한 방법이 있으니 따라해보자.

매번 샤워를 한 후에는 커튼이 겹치는 부분이 없도록 한다. 겹치는 부분에 흰 곰팡이가 생기기 때문이다. 샤워커튼을 끝까지 잡아당겨 펼쳐 완전히 말린다. 곰팡이는 습한 환경을 좋아하므로 샤워 후에는 즉시 창문을 열어 최대한 환기시킨다. 곰팡이를 제거하는 꿀팁은 140쪽을 참고하자. 창문 대신에 환풍기가 있는 경우에는 샤워 후 10분가량 환풍기를 틀어 욕실 안에 가득 찬 습기를 제거한다.

세탁기에 베이킹소다를 넣고 샤워커튼을 빨면 커튼이 깔끔해지고 흰 곰팡이도 예방할 수 있다.

세제통의 세제 칸에 유기농 액체 캐스틸 비누 50㎖(3큰술)를 넣고 섬유유연제 칸에는 증류 백식초를 넣자. 분량의

세탁 준비물:

- 커튼이 더러운 정도에 따라 베이킹소다 50g(1/4컵) 또는 100g(반 컵)
- 유기농 액체 캐스틸 비누 50㎖(3큰술)
- 증류 백식초(세제통의 섬유유연제 칸을 채울 정도의 양)

베이킹소다와 샤워커튼을 세탁조 안에 넣는다. 샤워커튼의 라벨을 꼼꼼히 읽고 설명에 따라 세탁 온도와 설정을 맞춘 뒤 세탁기를 돌린다.

곰팡이가 심각한 상태라면 따뜻한 물에 베이킹소다 100g(반 컵)을 섞은 다음 샤워커튼을 떼어내 하룻밤 정도 담가둔다. 반드시 샤워커튼이 물속에 푹 잠기도록 큰 양동이나 욕조를 써야 한다. 다음 날 샤워커튼을 꺼내 세탁기에 넣고 세제통에 유기농 액체 캐스틸 비누 50㎖(3큰술)를 넣는다. 여기에 증류 백식초를 조금 첨가하면 소독 효과를 주고 주름도 방지할 수 있다. 이렇게 해서 평소처럼 세탁한다.

깨끗해진 샤워커튼을 밖에서 햇볕에 말리거나 욕실에 다시 걸고 완전히 펼쳐서 건조한다.

타일 및 줄눈 세제

욕실에서 가장 까다로운 게 줄눈 청소 아닐까? 천연 제품을 사용하기 전에 나는 낡은 플라스틱 칫솔에 표백제를 발라 하얀 줄눈을 문질러 닦았다. 줄눈이 깨끗해지기는 했지만 가족의 건강뿐만 아니라 환경에도 좋지 않은 제품을 쓴다는 것이 늘 마음에 걸렸다.

이제 나는 세 가지 간단한 재료로 청소용 반죽을 만든다. 결정소다(세탁소다), 베이킹소다 그리고 따뜻한 물이다. 결정소다는 먼지와 얼룩을 제거하고, 베이킹소다는 줄눈을 하얗게 만들며 곰팡이도 없애준다. 따뜻한 물은 이 재료를 뭉쳐서 반죽으로 만들어주는 역할만 한다. 나는 여기에 천연 항균 작용을 하는 티트리오일과 레몬오일 몇 방울을 첨가하지만, 원하지 않으면 생략해도 상관없다.

만약 줄눈이 심하게 더럽다면 여러 번 닦아야 할 수도 있다. 또 힘을 주어 박박 문질러야 할 수도 있으니 달라붙어서 땀을 좀 흘릴 준비도 단단히 하자.

적절한 줄눈 및 타일 솔(31쪽 참고)을 사용하면 길고 억센 털이 줄눈 깊숙이 들어가기 때문에 더 효과적으로 세제 반죽을 문지를 수 있다. 다 쓴 칫솔을 사용해도 되지만, 줄눈 전용 솔처럼 긁어내는 힘이 없기 때문에 잘 닦이지 않을 수도 있다.

타일 및 줄눈 세제 만드는 법

1회 사용 분량 만들기

준비물:

- 유리 믹싱볼
- 숟가락
- 줄눈 및 타일 솔
- 결정소다(세탁소다) 100g
- 베이킹소다 100g(반 컵)
- 따뜻한 물
- 티트리 에센셜 오일 2방울(선택)
- 레몬 에센셜 오일 2방울(선택)

1. 그릇에 결정소다와 베이킹소다 넣고 숟가락으로 섞기
2. 따뜻한 물을 나누어 넣고 저어가며 반죽 만들기(반죽이 너무 묽으면 적절한 농도가 될 때까지 결정소다를 더 넣으면 된다.)
3. 원하는 경우, 각 에센셜 오일을 2방울씩 넣고 저어서 섞기

사용법

줄눈용 솔의 억센 털에 반죽을 살짝 묻힌다. 줄눈을 꼼꼼히 문지르고 각 타일 사이사이에 반죽을 다시 바른다. 30분간 그대로 두었다가 따뜻한 물로 씻어낸다.

변기 세정제

혹시 변기 테두리 안쪽을 자세히 들여다본 적이 있는가? 불쾌한 갈색 얼룩과 악취가 도사리고 있을 가능성이 크다. 그전까지 노즐이 달린 전용 세제를 사서 주기적으로 변기 가장자리 안쪽을 청소해 왔던 나는 그곳이 얼마나 역겨운지를 확인하고 깜짝 놀랐다. 수많은 갈색 얼룩을 발견하고 나서 여기저기 조사한 끝에 나는, 이 얼룩이 석회와 또 다른 미네랄 침전물 때문에 생긴다는 사실을 알아냈다. 대부분의 시판 세제에 석회와 미네랄 침전물을 제거하는 성분이 들어있긴 하지만, 실제로 완벽히 제거하지는 못한다.

온라인에서 변기용 세제 만드는 법을 검색하면 많은 사람들이 구연산과 베이킹소다의 조합으로 변기 '폭탄'을 만들어보라고 권한다. 이 폭탄은 목욕할 때 사용하는 거품 입욕제와 같은 성분이고, 실제로 같은 원리로 작용한다. 즉, 폭탄이 물에 닿으면 거품이 발생하는 방식이다. 하지만 이 청소용 폭탄은 석회 자국을 없애지 못한다. 변기에서 지저분한 얼룩을 제거하고 악취를 없애려면 구연산만 바르고 다 쓴 칫솔로 더러워진 곳을 문질러야 한다.

나는 구연산과 자몽 껍질 가루(66쪽 참고)를 가지고 변기 세정제 한 병을 만든다. 두 재료를 섞으면 끈질긴 얼룩을 지우고 석회 자국과 미네랄 침전물을 제거할 수 있으며 상쾌하고 깔끔한 향까지 남길 수 있다. 더 진한 향을 원한다면 자몽 에센셜 오일을 섞어서 향을 돋운다. 나는 일주일에 한 번 이 가루를 사용한다.

변기 세정제 만드는 법

▌작은 1병 분량 만들기

준비물:

- 유리그릇
- 숟가락
- 깔때기
- 밀봉 가능한 뚜껑이 있는 유리병
- 낡은 칫솔
- 구연산 200g(1컵)
- 자몽 껍질 가루(정해진 양은 없음, 66쪽 참고)
- 자몽 에센셜 오일(선택)

1. 유리그릇에 구연산과 자몽 껍질 가루 넣고 잘 섞기(원한다면 자몽 에센셜 오일 몇 방울 추가)
2. 유리병 상단에 깔때기를 끼우고 가루를 병에 붓기
3. 뚜껑으로 밀봉하고 병에 이름표 붙이기

▌사용법

그릇에 가루를 조금 붓고 칫솔에 이 가루를 듬뿍 묻힌다. 칫솔로 변기 가장 자리 안쪽을 가볍게 문지른다. 가장자리를 중심으로 여러 번 반복한다. 5분 후 물을 내린다.

7.
구석구석 깔끔하게

"일상의 사소한 부분에
시선을 돌리는 것이 진정한
행복의 비결이다."

_윌리엄 모리스William Morris

집 안의 나머지 장소

이제부터는 집 안에서 청소가 필요한 남은 모든 장소를 살펴보자. 나무 바닥이나 카펫에서부터 가구에 이르기까지 간단하고 건강한 해결책이 마련되어 있다.

지긋지긋한 곰팡이에 시달리는 집이 많다. 강력한 화학 세제를 들이붓지 않고는 좀처럼 해결되지 않는 게 곰팡이다. 그러나 이런 제품은 보통 표백제를 함유하고 있고, 표백제는 호흡기 질환, 인후통, 피부 자극, 두통 등을 유발해 건강에 좋지 않다. 반려동물은 특히 표백제에 취약해 흡입만으로도 건강에 심각한 문제가 생길 수 있다. 또한 표백제는 물속의 다른 미네랄과 반응하여 위험한 물질을 만들기도 한다. 이 물질은 수중생물에 해를 끼치고 썩는 데 수년이 걸릴 수 있다. 이런 표백제를 사용하지 않고도 곰팡이를 제거할 수 있을까? 물론이다. 그저

약간의 시간과 노동력만 들이면 된다. 곰팡이 제거 스프레이를 만드는 법과 곰팡이가 다시 생기지 않도록 도와주는 몇 가지 유용한 방법을 140쪽에서 찾아보자.

먼지 털기는 내가 딱히 좋아하지 않는 일이지만, 집먼지진드기에 알레르기가 있는 나에게는 더없이 중요한 일이다. 집먼지진드기는 따뜻하고 습한 환경에서 번식하며 사람의 몸에서 떨어진 각질을 먹고 산다. 페퍼민트나 세이지, 레몬, 라벤더 같은 특정 에센셜 오일을 사용하면서 정기적으로 먼지를 제거하면 집먼지진드기를 억제하는 데 도움이 된다. 인공 향을 풍기다가 결국 쓰레기통에 버려질 일회용 먼지떨이나 걸레를 사느니 낡고 구멍 난 양말을 레몬과 세이지 향이 나는 먼지걸레(132쪽 참고)로 재활용해 보자.

카펫 및 러그 관리

카펫과 러그는 이 사람 저 사람의 발과 반려동물에 밟히고 집 안팎에서 들어오는 먼지가 내려앉아 매일 더러워진다. 진공청소기를 가까스로 피해 러그 올올이 갇힌 오염물질은 시간이 지나면서 불쾌한 냄새를 풍기기 시작한다. 카펫과 러그용 탈취제를 사용하면 섬유 속에 남아있는 냄새가 중화되고 집에서 상쾌하고 깨끗한 향기가 난다. 또한 이 탈취제는 카펫이나 러그에 집먼지진드기가 자리 잡는 것도 방지해준다. 집먼지진드기는 특히 습한 곳에서 잘 자라므로 건조한 가루 형태의 이 탈취제와 진공청소기를 사용하여 진드기를 제거해 보자. 탈취제에 집먼지진드기가 질색하는 향인 페퍼민트 에센셜 오일을 6방울 추가해도 좋다.

단, 반려동물 체취를 없애기 위해 이 탈취제를 사용할 거라면 에센셜 오일을 넣기 전에 수의사와 상의하자. 탈취의 역할을 하는 주요 성분은 베이킹소다이기 때문에 에센셜 오일 없이 베이킹소다만 단독으로 사용해도 효과가 있다.

이 탈취제는 집 안은 물론 차 안의 매트와 깔개의 냄새를 제거할 때 써도 좋다.

탈취제 만드는 법

▌*1회 분량 만들기*

준비물:

- 유리 믹싱볼
- 숟가락
- 베이킹소다 180g(3/4컵)
- 감귤류 에센셜 오일 6방울(자몽, 레몬 또는 오렌지)
- 라벤더 에센셜 오일 6방울

1. 유리 믹싱볼에 베이킹소다 넣기
2. 에센셜 오일을 넣고 덩어리가 생기지 않도록 저어서 섞기

▌*사용법*

카펫과 러그 위에 탈취제를 뿌리고 1시간 또는 하룻밤 그대로 놓아둔다. 그런 다음 진공청소기를 돌려서 탈취제를 제거한다.

양말로 만드는 먼지 걸레
레몬과 세이지

언젠가부터 일회용 물티슈로 먼지를 훔쳐내는 일이 무척 흔해졌다. 물론 편리하고 쓰기도 간편한 건 인정. 하지만 물티슈에 섞인 화학물질은 실내 공기에 해로울 수도 있고 티슈의 소재도 재활용되거나 자연 분해되지 않는 것이라 결국엔 쓰레기장에 오래도록 남게 된다. 일회용 물티슈를 아주 간단하게 친환경적인 제품으로 대체하는 방법이 있다. 수명이 다한 면 양말을 재사용 가능한 먼지 걸레로 만드는 것이다. 손에 고무장갑을 낀 다음, 양말 한 짝을 그 위에 씌우고 먼지를 닦아내기만 하면 되니 정말 쉽다. 양말이 아니면 낡은 면 티셔츠, 이불 또는 행주를 잘라서 만들어도 된다.

레몬과 세이지 먼지 걸레는 만들 때 올리브오일을 살짝 넣는다. 오일은 얼룩이 생기지 않도록 연한 색으로 고르자. 이렇게 만든 걸레는 먼지를 말끔히 털어주고 목재 가구에 은은하게 광을 내면서 기름 얼룩도 전혀 남기지 않는다.

마지막으로 화초도 잊지 말고 가끔씩 먼지를 털고 닦아줘야 한다. 향이 나는 먼지 걸레는 오일이 잎의 기공을 막아 호흡을 방해할 수 있으므로 식물에는 사용하면 안 된다. 큰 화초는 살짝 물에 적신 깨끗한 천으로 잎을 닦자. 작은 화초들은 깨끗한 대나무 칫솔로 줄기 쪽에서부터 잎 끝을 향해 살살 닦아 내리면서 먼지를 제거한다. 또한 화초도 가끔 샤워를 시켜주면 좋다. 미지근한 물을 듬뿍 준 후 야외에서 햇볕에 말린다.

먼지 걸레 만드는 법

▌*2개 분량 만들기*

준비물:

- 믹싱볼
- 숟가락
- 뚜껑이 있는 유리 또는 플라스틱통
  (나는 다 먹은 아이스크림통을 사용한다.)
- 면 양말 또는 조각 천

- 뜨거운 물 250㎖(1컵)
- 올리브오일 2큰술
- 레몬 에센셜 오일 6방울
- 세이지 에센셜 오일 6방울

1. 믹싱볼에 뜨거운 물 붓고, 올리브오일과 에센셜 오일을 넣어 섞기
2. 양말이나 조각 천을 한 번에 하나씩 믹싱볼에 담가 겉에 오일 입히기
3. 2를 짠 뒤 널어서 말리기(실내에 널어놓는다면, 혹시 오일 방울이 떨어질 수 있으니 옷이나 오래된 수건을 받친다.)
4. 완전히 마르면 돌돌 말아 통 안에 보관하기

▌*사용법*

목재나 벽난로 위, 조명 등의 먼지를 털어내는 데 사용한다. 사용한 먼지 걸레는 찬물에 헹구어 빨래 더미에 넣어두었다가 다른 걸레와 함께 세탁기로 빤다. 만들어 놓은 것을 다 사용하고 나면 이렇게 빨아둔 양말이나 천 조각으로 위의 만들기 과정을 반복하면 된다.

바닥용 세제

나는 바닥 닦는 게 딱 질색이라 최대한 이 일만은 피하려고 애쓴다. 차라리 바닥을 쓰는 쪽이 훨씬 더 좋다. 이렇다 보니 결국 도저히 모른 체할 수 없을 만큼 바닥이 지저분해지고 나서야 마지못해 걸레와 양동이를 대령한다.

식초 스프레이 세제 만드는 법

1병 분량 만들기

준비물:

- 1ℓ 스프레이 병(36쪽 참고)
- 따뜻한 물 500㎖(2컵)
- 파인 에센셜 오일 5방울
- 레몬 에센셜 오일 5방울
- 증류 백식초 125㎖ (반 컵)

사용법 스프레이 병에 물, 증류 백식초, 에센셜 오일 순으로 넣고 부드럽게 흔들어 섞은 다음, 바닥 위 더러운 부분에 뿌리고 젖은 천으로 닦아낸다.

친환경적으로 바닥을 청소하는 세제는 두 가지다. 하나는 국소적 오염을 닦을 때 유용한 스프레이 세제, 다른 하나는 면으로 된 대걸레와 양동이를 사용해 온 바닥을 닦을 때 쓰는 세제이다.

두 세제 모두 대부분의 강화마루, 비닐 및 타일 바닥재에 적합하지만, 표면이 손상될 수 있으므로 합판 위에는 물을 너무 많이 사용하지 말자. 처음 쓸 때는 항상 바닥재 관련 정보를 읽거나 눈에 잘 띄지 않는 부분에 조그맣게 먼저 실험을 해 계속 써도 될지 확인한다. 집에 반려동물이 있다면 에센셜 오일은 생략하고 세제를 만든다.

레몬과 파인 캐스틸 비누 바닥 세제 만드는 법

▌1회 분량 만들기

준비물:

- 원뿔형 탈수기가 있는 양동이
- 면 대걸레
- 마른 천 또는 행주
- 따뜻한 물 1ℓ
- 액체 캐스틸 비누 60㎖(1/4컵)
- 파인 에센셜 오일 5방울
- 레몬 에센셜 오일 5방울

▌사용법

양동이에 물, 액체 캐스틸 비누, 에센셜 오일 순서로 넣고 섞는다. 여기에 대걸레를 담갔다가 탈수기에 넣고 물을 짜낸다. 걸레로 바닥 전체를 닦고 바닥에 남은 물기는 깨끗한 천으로 닦아낸다.

천연 밀랍 목재용 광택제

천연 밀랍과 레몬으로 만든 목재용 광택제는 가구에 영양을 공급하고 표면을 보호해준다. 주재료인 올리브오일과 밀랍이 목재에 광택을 더하고 나뭇결의 자연적인 아름다움을 살린다. 나는 은은한 향을 내기 위해 레몬 에센셜오일을 몇 방울 첨가하는데, 원하지 않으면 생략해도 된다. 이 광택제는 대부분의 목재 표면에 사용할 수 있고 나무로 만든 부엌용품이나 도마에도 안전하다. 하지만 나무 바닥에는 적합하지 않다.

다음에 소개한 방법으로는 약 750ml(3과 1/4컵)가량의 광택제를 만들어 큰 유리 용기 하나 또는 작은 재활용 병 여러 개를 채울 수 있다. 올리브오일이 상하기 전까지는 광택제가 신선하다고 보면 된다. 따라서 만들기 전에 올리브오일의 소비기한을 확인하고, 새 제품을 구입하는 경우 기한이 많이 남은 제품으로 고르자.

이 목재용 광택제는 주변에 나눠주거나 크리스마스 같은 때 선물하기 좋다. 재료와 사용 방법, 사용기한을 병에 꼭 표시해 주자.

밀랍과 레몬 목재용 광택제 만드는 법

█ 1회 분량 만들기

준비물:

- 내열 강화유리 믹싱볼
- 작은 냄비
- 숟가락
- 깔때기

- 뚜껑이 있는 유리병(1ℓ 크기 잼 병이나 피클 병을 재활용)
- 밀랍 알갱이 혹은 (갈아놓은) 밀랍 150g(2/3컵)

- 올리브오일 600㎖ (2와 1/2컵)
- 레몬 에센셜 오일 30방울

1. 믹싱볼에 밀랍과 올리브오일 순으로 넣고 섞기
2. 작은 냄비에 5~7.5㎝ 높이로 물을 채우고 끓이기. 끓어오르기 시작하면 불을 약하게 줄이기
3. 냄비 위에 믹싱볼 바닥이 물에 닿지 않도록 올려놓고 중탕하기. 밀랍이 천천히 녹기 시작하면 가끔씩 저어주기
4. 3이 완전히 녹으면 레몬 에센셜 오일 넣고 젓기
5. 깔때기를 병에 끼우고 4를 부은 다음 병에 이름표 붙이기(완전히 식힌 후에 사용한다.)

█ 사용법

먼저 광택을 낼 부위에 먼지를 제거한다. 깨끗한 천에 광택제를 조금 발라 원을 그리듯 나뭇결에 따라 문지른다. 몇 분간 그대로 두었다가 깨끗한 천으로 다시 광을 낸다.

창문

유리를 닦는 데는 식초만 한 게 없다. 식초로 창문을 닦으면 소복이 쌓인 먼지가 싹 닦이면서 얼룩이나 자국도 남지 않는다. 고무 재질 스퀴지로 창문을 청소하면 훨씬 수월한데, 집에 스퀴지가 없다면 대신 젖은 천이나 날짜 지난 신문지를 쓸 수 있다. 신문지는 촘촘한 섬유나 마찬가지여서 유리를 긁거나 보풀을 남기지 않는다.

신문지를 사용할 때 한 가지, 잉크로 진하게 인쇄한 쪽이 젖으면 자국이 남을 수 있는데, 특히 흰색 플라스틱 창틀에 물이 들면 눈에 잘 띄니 조심하도록 하자. 이제부터 소개할 창문용 세제는 거울이나 오븐 문, 액자 유리 등에 사용할 수 있다. 그보다 작은 손거울이나 액자를 닦으려면 세제를 표면에 직접 뿌리기보다는 천에 뿌려서 닦는 편이 낫다. 식초 혼합물을 뿌린 천으로 유리를 닦은 후 깨끗한 천으로 물기를 제거하면 된다.

창문용 세제 만드는 법

▌ 1병 분량 만들기

준비물:

- 1ℓ 스프레이 병(36쪽 참고)
- 살짝 젖은 면 걸레
- 스퀴지
- 오래된 신문 또는 마른 면 걸레
- 증류 백식초 250㎖(1컵)
- 물 500㎖(2컵)
- 레몬, 오렌지, 티트리 등 에센셜 오일(선택)

1. 스프레이 병에 증류 백식초 넣기
2. 물을 채우고 원하는 에센셜 오일을 각 3방울씩 떨어뜨린 뒤 잘 섞이도록 흔들기

▌ 사용법

창문 맨 위에서부터 시작해 왼쪽에서 오른쪽 방향으로 식초 혼합물을 뿌린 다음 스퀴지나 면 걸레를 이용해 아래쪽으로 닦아내린다. 창문의 중간 즈음에서 이 과정을 다시 한번 반복한다. 전체를 깨끗한 마른 천으로 닦아 마무리한다.

아니면, 스퀴지 대신 공 모양으로 돌돌 뭉친 신문지를 이용하고 다 쓴 신문지는 퇴비통에 넣는다.

각종 곰팡이

환기가 잘 되지 않고 습도가 높아 곰팡이 문제로 골치를 앓는 집이 많다. 어둡고 습한 환경에서 빠르게 번식하는 곰팡이는 검은색 또는 흰색 포자로 벽과 가구를 뒤덮어버린다. 곰팡이는 천식이나 알레르기를 앓고 있는 사람에게 호흡 곤란을 유발하는 등 건강에 매우 해롭다.

티트리 곰팡이 스프레이 만드는 법

▌ 1병 분량 만들기

준비물:

- 1ℓ 스프레이 병(36쪽 참고, 병 크기에 따라 재료의 양 조절)
- 헝겊 1장
- 물 500㎖(2컵)
- 티트리 에센셜 오일 2작은술

1. 병에 물을 넣고 티트리 에센셜 오일 넣기
2. 스프레이 건을 끼우고 병에 이름표 붙이기

▌ 사용법

곰팡이가 생긴 부분에 스프레이를 직접 뿌리고 1시간 동안 놓아둔다. 물에 살짝 적신 천으로 해당 부위를 닦아낸 다음 공기 중에 건조한다.

곰팡이를 없애기 위해 표백제를 많이 들 사용하는데, 표백제는 얼룩을 지울 뿐 포자를 뿌리 뽑진 못한다. 집에 곰팡이가 핀 곳이 있다면, 이 스프레이를 시도해 보자. 단, 페인트칠을 한 벽이나 표면에 뿌릴 때는 주의해야 한다. 일부 페인트는 물에 젖으면 손상될 수 있기 때문이다. 사용하기 전에 항상 눈에 잘 띄지 않는 부분에 먼저 테스트해 보자.

일단 집에서 곰팡이를 제거했다면, 다시 생겨나지 않도록 다음 내용을 생활화해야 한다.

- 창문을 열어 신선한 공기로 환기한다.
- 샤워나 목욕 후에는 창문을 열어 습기를 내보낸다.
- 샤워나 목욕 후에 10분 동안 환풍기를 켜둔다.
- 젖은 부분은 즉시 말린다.
- 스퀴지로 창문과 문에 맺힌 물기를 제거한다.
- 빨래 건조는 가급적 실내보다 실외에서 한다.
- 제습기를 놓는다. 습기를 제거하는 것만으로도 곰팡이 포자가 버티기 쉽지 않은 환경이 된다. 또한 곰팡이에서 발생하는 곰팡내도 사라진다.
- 곰팡이가 생긴 방에 스파티필룸 화분을 넣어둔다. 스파티필룸은 잎을 통해 곰팡이 포자를 흡수해 먹이로 삼기 때문에 공기 중에 떠도는 곰팡이 포자의 양을 줄일 수 있다. 습도가 높은 곳에서 잘 자라는 식물이므로 욕실이 가장 어울린다.

8.
자연의 향기가
가득한 집

"단순하게 살고, 깊이 사랑하며,
길을 가다 멈춰 꽃향기를 맡을
여유를 가져라."

_마크 트웨인Mark Twain

자연의 향기를 집으로

요리를 하고 나서 가시지 않는 음식 냄새를 없애려고 방향제를 사용해 왔다면? 이쯤에서 환경과 우리의 건강에 미치는 영향을 다시 한번 생각해 볼 때다. 많은 방향제가 해외에서 제조되어 지구를 반 바퀴쯤 돌아 우리 집으로 온다. 대다수에 석유를 원료로 하는 플라스틱이 들어있고 엄청난 양의 에너지와 물이 쓰인다. 방향제는 향만 내뿜는 것이 아니다. 거의 모든 방향제가 향기와 함께 휘발성유기화합물VOCs을 방출하고 이는 호흡기 문제, 두통, 알레르기나 천식의 원인이 된다. 특히 털에 달라붙은 오염물질 입자를 흡입할 수 있는 반려동물에게 매우 해롭다. 하지만 다행히도 우리와 지구를 위해 더 안전한 향기가 피어나게 할 수 있는 훌륭한 방법이 있다.

향초의 해로움을 처음 알고 나서 나는 몸서리를 쳤다. 향초는 주로 파라핀 왁스(미네랄 왁스라고도 한다.)로 만드는데, 이는 석유를 정제하는 과정에서 나오는 부산물이다. 여기에 표백이나 염색을 하기도 하고 합성 향을 입힌다. 각종 화학 성분이 연소될 때 나오는 연기는 디젤 엔진의 매연과 마찬가지라고 보면 된다. 향초를 즐겨 사용한다면 이제부터는 지속가능한 식물 왁스로 자신만의 향초를 만들어보자. 재활용 잼 병과 빈티지 찻잔에 자몽과 레몬 초를 만드는 방법을 148쪽에 소개한다.

천연 방향제나 향초도 좋지만 그 무엇으로도 대신할 수 없는 일은 창문을 열고 신선한 공기를 집 안에 들이는 것이다. 실내 공기 오염과 결로를 방지하고, 갇힌 냄새를 내보내기 위해 매일 한 시간 동안 꼭 창문을 열어두자.

허브 갈란드

나는 정원에서 허브를 재배한다. 꽃가루받이 동물의 먹이도 되고, 요리 재료로도 좋지만, 무엇보다 순전히 멋진 향기 때문에 키우는 허브도 있다. 재배가 끝나면 알리움이나 수국, 톱풀※ 같은 꽃과 함께 허브를 다발로 잘라 말린다. 창가에 걸거나 벽난로 위에 늘 어뜨리면 예쁘기도 하고 향기도 즐길 수 있다. 말린 허브 중에는 곤충과 집먼지진드기를 예방하는 것도 있어 좋은 점이 이만저만이 아니다.

갈란드에 붙일 허브 다발의 양이나 종류는 특별히 정해진 게 없으니 모든 허브를 구입하거나 길러야 한다는 부담은 접어두자. 라벤더는 하나만으로도

좋은 향을 내고, 취향에 따라 주변에서 마른 들풀이나 산토끼꽃 등을 찾아 따와도 좋다. 나는 시간이 지나며 갈란드가 시들어가는 모습마저도 오히려 더 멋있게 느껴진다.

허브를 노끈으로 묶을 때는 묶이는 부분의 잎이나 꽃을 꼭 줄기에서 제거하자. 그렇지 않으면 곰팡이가 슬어서 나머지 다발에까지 퍼진다.

※ 국화과의 여러해살이풀로 흰 꽃이 핀다. -편집자

허브 갈란드 만드는 법

▌ 갈란드 1개 만들기

준비물:

- 월계수 잎, 카모마일, 라벤더, 민트, 로즈메리 또는 백리향과 같은 허브 다발
- 가위
- 노끈(황마 또는 사이잘 등 삼 종류가 가장 친환경적이다.)
- 측정 테이프
- 연필
- 회전식 후크 또는 못 2개
- 망치

1. 각 허브 다발의 줄기를 원하는 길이로 자르기(묶이는 자리 잎은 모두 제거)
2. 허브 다발 개수만큼 30㎝ 길이로 노끈을 잘라 다발의 줄기에 단단히 감고 매듭 짓기(노끈의 한쪽 끝을 벽이나 창문에 고정할 수 있을 정도의 길이로 남겨둔다.)
3. 갈란드를 걸 자리를 정하고 후크나 못을 박을 지점 두 곳을 연필로 살짝 표시한 다음 후크(못) 고정하기
4. 묶을 수 있도록 5㎝ 여유분을 두고, 고정된 후크(못) 양쪽을 연결할 정도의 길이로 노끈 자르기
5. 4의 노끈을 후크(못)에 단단히 감기
6. 2의 허브 다발이 아래로 늘어지도록 노끈에 연결해 묶기(같은 길이로 늘어뜨리거나 여러 가지 모양으로 배열할 수 있다.)

향초
자몽과 레몬

나는 향초를 즐겨 만든다. 집 안에 기가 막힌 향기가 가득해지는 데다가 선물하기도 좋기 때문이다.❖ 영국과 유럽연합에서는 유채씨 왁스가 탄소발자국이 가장 낮기 때문에 제일 친환경적인 재료인데, 구하기 힘들다면 같은 비건 재료로, 비유전자변형 콩으로 만든 소이 왁스를 대신 선택하자. 둘 다 깨끗하게 연소되고 발향도 잘 된다. 용기는 여러 종류를 선택할 수 있지만 새거나, 부서지거나, 불이 붙는 물건은 절대 안 된다. 나는 낡은 유리 양초병이나 깡통, 빈티지 찻잔, 잼 병 등을 재활용한다. 통에 왁스가 얼마나 채워질지 예측하기 어려우니 미리 여분으로 몇 개 더 준비하자.

초를 만들 때 계절에 따라 어울리는 향을 낼 수 있다. 나는 봄에 세이지나 로즈메리 같은 허브 향, 겨울에는 유칼립투스나 파인오일에 시트러스 향을 섞는다. 용기에 노끈을 둘러 감고 조그만 상록수 가지와 재활용 종이로 만든 설명서를 달아 장식하면 멋진 크리스마스 선물이 된다.

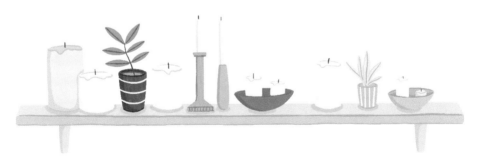

❖ 국내에서 향초를 선물하려면 공인 기관의 안전인증을 받아야 한다. ─편집자

향초 만드는 법

█ 향초 4개 만들기

준비물:

- 나무 심지
- 금속 지지대
- 초를 담을 통
- 젓가락 또는 막대사탕 막대
- 빨래집게
- 작은 냄비
- 내열 강화유리 믹싱볼
- 유채씨 왁스(또는 소이 왁스) 500g
- 자몽 에센셜 오일 20방울
- 레몬 에센셜 오일 20방울

1. 금속 지지대에 나무 심지를 끼운 다음 지지대를 양초 통의 바닥 가운데에 놓기
2. 나무 심지 양쪽을 받치도록 젓가락을 양초 통 위에 놓고 빨래집게로 젓가락 고정하기(통에 왁스를 부을 때 심지가 움직이지 않게 해준다.)
3. 유리 믹싱볼에 유채씨 왁스를 잘게 부숴 넣기
4. 냄비에 물 5~7.5㎝를 담아 끓이기. 물이 끓기 시작하면 약불로 줄이기
5. 믹싱볼의 바닥이 물에 닿지 않도록 냄비 위에 걸쳐 놓고 왁스가 천천히 녹도록 놔두기. 완전히 녹으면 에센셜 오일 첨가하기
6. 준비된 통에 **5**를 붓고 약 3~4시간 동안 그대로 두기
7. 젓가락을 빼고 초 위로 약 1~2㎝ 정도로 심지가 올라오도록 가위로 심지 길이 다듬기

허브 향주머니
라벤더와 페퍼민트

천연 허브 향주머니를 두면 옷에서 향기가 나고 좀나방도 방지할 수 있다. 좀나방은 면이나 린넨, 양모와 같은 천연 섬유를 즐겨 먹으니, 좀나방이 싫어하는 향을 내뿜는 라벤더와 페퍼민트 주머니를 옷장이나 서랍장에 하나씩 넣어두자.

집먼지진드기는 따뜻하고 습한 환경을 좋아하고 매트리스와 침구에 주로 서식한다. 집먼지진드기도 나방처럼 라벤더와 페퍼민트의 강한 향기로 물리칠 수 있으므로 매트리스와 매트리스 지지대 사이에 향주머니를 한두 개씩 끼워둔다.

나는 일 년에 한 번 향주머니를 만들어 옷장이나 빨래 바구니, 서랍장에 두고 지난해에 쓴 내용물은 퇴비로 활용한다. 사용한 모슬린 주머니는 가볍게 씻어서 싱싱한 향기가 나는 꽃이나 허브(허브를 말리는 방법은 67쪽 참고), 에센셜 오일 병을 담는다. 끈이 달린 유기농 면이나 모슬린 주머니는 공예품 가게나 온라인에서 살 수 있는데, 리필 가능한 티백이나 향신료 주머니를 찾아보면 된다.

향주머니는 아기나 어린이, 반려동물의 손이 닿지 않는 곳에 보관하자.

허브 향주머니 만드는 법

▌ 주머니 6개 만들기

준비물:

- 유리 믹싱볼
- 도마
- 칼
- 숟가락

- 끈이 달린 유기농 면/모
  슬린 주머니 또는 사각형
  으로 자른 모슬린 천
- 말린 라벤더 한 다발

- 말린 페퍼민트(또는 스피어민트)
  한 다발
- 라벤더 에센셜 오일 10방울
- 페퍼민트 에센셜 오일 10방울

1. 말린 라벤더에서 꽃봉오리를 떼어내 유리 믹싱볼에 넣기
2. 말린 페퍼민트에서 잎을 떼어내 도마 위에서 칼로 곱게 다진 다음 1에 넣고 섞기
3. 라벤더 에센셜 오일과 페퍼민트 에센셜 오일을 넣고 섞기
4. 면 또는 모슬린 주머니에 3의 내용물 담기
5. 또는 사각형으로 자른 모슬린 천을 깔고 3의 내용물을 1큰술 넣은 후 보자기를 싸듯 마주 보는 모서리 두 쪽을 가운데로 모아 묶고, 나머지 두 모서리도 같은 방식으로 모아 묶기

방향제

나는 늘 플라스틱통에 든 합성 방향제를 사서 방마다 하나씩 놓아두었다. 시간이 지나 향이 사라지고 남은 통은 배어든 잔향으로 재활용이 불가능해, 결국 쓰레기통으로 들어갔다. 하지만 이제는 그럴 일이 없다. 재활용 병과 베이킹소다로 직접 방향제를 만들기 때문이다. 이 천연 방향제는 시판 방향제에 버금가는 좋은 향기를 내뿜는 것은 물론, 향이 사라지기 시작해도 에센셜 오일을 더 넣기만 하면 다시 새것처럼 쓸 수 있다. 집 안 어디에나 둘 수 있지만 어린아이나 반려동물의 손이 닿지 않도록 주의하자.

정원에서 따온 허브와 꽃으로 천연 방향제를 만들 수도 있고 가장 좋아하는 에센셜 오일을 몇 방울 넣어도 된다. 나는 뚜껑이 있는 잼 병, 올리브 병 또는 피클 병을 용기로 사용한다. 뚜껑이 없는 용기를 쓴다면 모슬린 천을 병 입구에 얹어 노끈으로 묶어도 예쁘다.

먼저 기본 재료인 베이킹소다를 넣고 말린 허브나 꽃 또는 감귤류 껍질을 첨가하자. 말린 재료는 은은하면서도 자연스러운 향기를 더해준다. 좀 더 강한 향기를 원한다면, 좋아하는 에센셜 오일을 5방울씩 넣어 섞는다. 허브와 꽃을 말리고 감귤류 껍질 가루를 만드는 방법은 66쪽과 67쪽을 참고하자. 말린 재료는 정해진 양이 없으니 취향껏 넣으면 된다.

방향제 만드는 법

▌ *작은 1병 분량 만들기*

준비물:

- 금속 뚜껑이 있는 유리병
- 유리 믹싱볼
- 깔때기
- 말린 감귤류 껍질 가루 + 자몽, 레몬, 오렌지 에센셜 오일
- 말린 라벤더 + 라벤더, 레몬, 로즈메리 에센셜 오일

- 가위나 날카로운 칼
- 숟가락
- 베이킹소다 360g(2컵)
- 말린 허브 가루 + 로즈메리, 세이지 에센셜 오일
- 말린 장미 꽃잎 + 로즈 제라늄, 자몽, 라벤더 에센셜 오일

1. 가위나 날카로운 칼로 병뚜껑에 구멍 4~6개 뚫기(손 조심!)
2. 유리 믹싱볼에 베이킹소다를 넣고, 선택한 말린 재료를 더해 섞기
3. 에센셜 오일(각 오일당 5방울씩) 넣고 젓기
4. 유리병에 깔때기를 꽂고 **3**의 가루를 병에 붓기
5. 뚜껑 돌려 닫기

룸 스프레이
로즈 제라늄과 자몽, 라벤더

이 룸 스프레이를 상시 준비해 두면 손님이 도착하기 전에 재빨리 뿌려 집에 좋은 향기가 나게 할 수 있다. 옷감이나 장바구니의 냄새를 없앨 때도 간단하게 쓰기 좋다. 베개와 베갯잇, 침대보나 쿠션, 소파 또는 커튼에도 뿌릴 수 있는데, 섬유에 사용하기 전에 항상 눈에 잘 띄지 않는 부위에 조그맣게 실험을 해보자.

보드카는 이 룸 스프레이의 중요한 재료다. 물에 에센셜 오일이 고르게 퍼지도록 하려고 넣는 것이지만, 동시에 천연 방부제 역할도 한다. 사용하기 전에는 에센셜 오일이 골고루 섞이도록 병을 흔들어준다.

내가 룸 스프레이를 만들 때 가장 좋아하는 오일 조합은 로즈 제라늄과 자몽, 라벤더로, 마치 봄날의 정원에 있는 느낌이 든다. 취향에 따라 오일을 자유롭게 섞거나 계절에 어울리는 조합을 만들어 보자. 겨울철에는 허브와 로즈메리, 오렌지, 파인오일의 조합이 잘 어울린다.

> **참고**
>
> 만들어 쓰는 천연 제품도 좋지만 꽃과 식물 그 자체로 집 안에 향기를 불어넣어 보세요. 가능하면 계절에 맞는 꽃을 선택하고, 가까운 지역에서 재배하는 꽃을 고르면 탄소발자국도 줄일 수 있죠. 계절에 맞는 초록 나뭇가지나 황홀한 향이 나는 카우 파슬리, 라일락 다발을 모아보세요. 야외에서 꺾을 땐 꼭 필요한 것만! 사유지에서 채집한다면 허가를 구해야 합니다.

룸 스프레이 만드는 법

▌*1병 분량 만들기*

준비물:

- 125㎖ 용량 스프레이 병(36쪽 참고)
- 작은 깔때기
- 로즈 제라늄 에센셜 오일 3방울
- 자몽 에센셜 오일 5방울
- 라벤더 에센셜 오일 5방울
- 물 80㎖(5큰술)
- 보드카 30㎖(2큰술)

1. 병 입구에 깔때기 끼우기
2. 깔때기를 통해 에센셜 오일을 병에 넣은 다음 보드카를 붓고 병의 나머지는 물로 가득 채우기
3. 스프레이를 부착하고 흔들어 섞기

부록

친환경 아이디어가
넘치는 곳

온라인

- **One Million Women(백만 명의 여성):** 기후 변화에 맞서 행동하는 전 세계 여성의 연합. 음식과 에너지, 돈, 친환경 청소를 포함한 모든 분야에서 윤리적인 생활 아이디어를 얻을 수 있다.

  1MILLIONWOMEN.COM.AU

- **The Spruce(가문비나무):** 요리 아이디어, 장식, 정원 가꾸기, 공예, 친환경 청소 팁이 가득한 필독 사이트.

  THESPRUCE.COM

- **Ethical Consumer(윤리적 소비자):** 구매한 제품의 정보 조사 및 분석 결과를 제공하는 영국의 비영리단체. 화장품, 음식에서부터 패션, 가정용 청소용품에 이르기까지 다양한 정보를 총망라한다.

  ETHICALCONSUMER.ORG

- **The Good Shopping Guide(더 굿 쇼핑 가이드):** 어떤 브랜드와 회사가 지구, 동물, 지역 사회에 가장 이로운지를 고려해 제품을 구매할 수 있도록 돕는 영국의 정보 사이트.

  THEGOODSHOPPINGGUIDE.COM

- **Women's Voices for the Earth(지구를 위한 여성의 목소리):** 독성 화학물질이 가정, 복지, 환경에 어떤 피해를 미치는지 경각심을 주는 정보가 가득하다. 세제에 흔히 들어있는 독소 관련 정보가 특히 유용.

  WOMENSVOICES.ORG

- **Going Green(고잉 그린):** 리사 브로너Lisa Bronner의 웹사이트는 자연과 가까운 삶에 대한 정보로 가득하지만, 그중에서도 캐스틸 비누로 청소하는 꿀팁은 정말 최고다. 또한 리사는 세 아이의 엄마로서 온 가족이 윤리적이고 친환경적인 삶을 살 수 있는 실질적인 조언을 공유한다.

  LISABRONNER.COM

다큐멘터리

- **Stink!(스팅크!):** 국제 영화제에서 수상한 존 웰런Jon Whelan의 문제작. 미국에서 소비되는 제품에 유독물질과 발암물질을 합법적으로 숨길 수 있는 이유를 파헤친다.

  STINKMOVIE.COM

팟캐스트

- **Low Tox Life(로우 톡스 라이프):** 삶의 모든 영역에서 독소를 줄일 수 있는 방법을 고민하는 호스트 알렉스 스튜어트Alexx Stuart가 각 분야의 전문가와 함께 유전자변형 식품과 플라스틱 공해, 지구 살리기와 같은 다양한 주제를 논의한다.

  LOWTOXLIFE.COM/PODCAST

Frugal Friends(검소한 친구들): 검소하게 사는 소박한 두 여성, 젠Jen과 질Jill이 진행하는 재미있는 팟캐스트. 남은 물건을 다 쓰는 방법, 친환경 청소법과 같이 지속가능한 생활 주제를 다룬다.

FRUGALFRIENDSPODCAST.COM

Sustainababble(서스테이너배블): 가볍게 들을 수 있는 환경 관련 주간 팟캐스트. 올이과 데이브Dave가 재활용, 위생 및 기후 변화 등의 문제를 이야기한다. 친환경 사업가, 연예인, 정치인을 초대하기도 하며, 언제나 흥미롭고 신선한 자극을 준다.

SUSTAINABABBLE.FISH

인스타그램

@simply.living.well 계정 주인 줄리아Julia가 단순하게 사는 방법을 공유하며 정기적으로 친환경 세제 제조법, 집에서 만든 화장품, 요리법 등을 소개한다.

@shedhomewares_e17 직접 만들거나 재활용한 물건으로 집을 꾸미는 열정적인 수리공, 카를라Carla의 피드에는 지속가능한 집을 만드는 멋진 아이디어가 가득하다.

@catherine_borse 캐서린Catherine은 건강한 가정이 지구에 유익하다고 믿는 인테리어 디자이너다. 지속가능한 디자인 아이디어, 재활용 팁, 그리고 친환경적인 집을 만드는 방법을 공유한다.

작은 걸음, 큰 변화

플라스틱은 적게, 유기농은 많이
원하는 건 줄이고, 즐기는 건 늘리자

❖ 옮긴이 **최인하**

이화여자대학교 국어국문학과와 성균관대학교 번역대학원을 졸업하고 영국 런던의 킹스칼리지에서 미디어를 공부했다. 국내 언론사에서 오랜 직장 생활을 한 뒤 홍콩에 거주하며 번역가로 활동 중이다. 옮긴 책으로 《배짱 좋은 여성들》, 《제인 에어》, 《나이 드는 맛》, 《인간은 야하다》 등이 있다.

◈ 자연을 지키는 ◈

친환경 청소

초판 1쇄 발행 2023년 3월 27일

지은이   젠 칠링스워스
그린이   아넬리아 플라워
옮긴이   최인하
발행처   타임북스
발행인   이길호
총 괄   이재용
편집인   이현은
편 집   이호정 · 최성수
마케팅   황주희 · 김미성
디자인   하남선
제 작   최현철 · 김진식 · 김진현 · 이난영

타임북스는 ㈜타임교육C&P의 단행본 출판 브랜드입니다.
출판등록   2020년 7월 14일 제2020-000187호
주 소   서울특별시 강남구 봉은사로 442 75th AVENUE빌딩 7층
전 화   02-590-9800
팩 스   02-395-0251
전자우편   timebooks@t-ime.com

ISBN 979-11-92769-15-8(14590)